猶子鳥　33ページ

緑葉木菟　41ページ

蒿雀　46ページ

烏秋　30ページ

花魁鳥　44ページ

交啄　5ページ

鸚哥　75ページ

大猿子　13ページ

大鵠　14ページ

掛子　23ページ

蝦蟇口夜鷹　48ページ

萱昇　45ページ

読者・ユーザカード

このたびは小社の出版物をお買い上げいただき、誠にありがとうございました。このカードは、(1) ユーザサポート (2) アンケート集計 (3) 小社案内送付(ご希望の場合のみ)を目的とし、あくまでも任意でご記入いただくものです。いただいた個人情報は決して他の目的には使用せず、厳重な管理の下に保管いたしますので、よろしくお願い申し上げます。

難読誤読 鳥の名前漢字よみかた辞典

●この出版物を何でお知りになりましたか?

1.広告を見て(新聞・雑誌名)
2.書評・紹介記事を見て(新聞・雑誌名)
3.書店の店頭で　　4.ダイレクト・メール
5.インターネット　　6.見計い
7.その他( )

●この出版物についてのご意見・ご感想をお書き下さい。

●主にどんな分野・テーマの出版物を希望されますか?

●小社カタログ(無料)の送付を希望される方は、チェック印をお付け下さい。

□書籍　□CD-ROM・電子ブック　□インターネット

料金受取人払郵便

大森局承認

666

差出有効期間
平成29年3月
31日まで
—切手不要—

郵便はがき

143-8790

(受取人)
東京都大田区大森北 1 - 23 - 8
第3下川ビル

日外アソシエーツ(株)

営業本部 行

ご購入区分:個人用　会社・団体用　受贈　その他(　　　　　)		
(フリガナ) お名前	生年月日 年　月　日(　　才)	性別 男・女
勤務先	部署名・役職	
ご住所(〒　　ー　　) TEL.　FAX.　□勤務先　□自宅		
電子メールアドレス		
ご利用のパソコン	(OS)	

ご購入年月日	ご購入店名(書店・電器店)
年　月　日	市区 町村

難読誤読 鳥の名前

漢字よみかた辞典

日外アソシエーツ

Guide to Reading of Bird Names Written in Kanji

Compiled by
Nichigai Associates, Inc.

本書はディジタルデータでご利用いただくことができます。詳細はお問い合わせください。

●編集担当● 比良 雅治／城谷 浩
装 丁：クリエイティブ・コンセプト

刊行にあたって

日本人は古くから自然の風物を愛で、文学や絵画などに描いてきた。とくに花鳥風月、花（植物）とともに鳥は、四季折々の美しさが鑑賞されている。万葉集では600首以上で鳥が詠まれている。以来、多くの詩歌や文献に登場する中で、色・鳴き声・大きさ・行動などの特色をとらえた幾通りもの漢字表記が生まれ、そこからまた別よみが生まれている。その中には宛字も多く、読めないもの、読み誤るおそれのあるものも多い。

本書は「難読／誤読 植物名漢字よみかた辞典」に続く小辞典として、鳥の名前を取り上げた。漢字表記された鳥名のうち、一般に難読と思われるもの、誤読のおそれがあると思われるもの、幾通りにも読めるものなど〈難読・誤読〉の鳥名を選び、その読み方を示した。鳥名見出し500件と、その下に、逆引き鳥名など見出しの漢字表記を含む鳥名1,339件、合計1,839件を収録している。見出しには、分類・大きさ、分布、渡り鳥の行動など、鳥としての特色を示すとともに、季語としての季節も明記した。

本書が鳥の名前に親しむ1冊として、また国語の学習用、吟行の友として、既刊の「難読／誤読 植物名漢字よみかた辞典」とともに広く利用されることを期待したい。

2015年6月

日外アソシエーツ

凡　例

1．本書の内容

本書は、漢字表記された鳥の名前のうち、一般に難読と思われる鳥名、誤読のおそれのある鳥名、幾通りもの読みのある鳥名を選び、その読み方を示した「よみかた辞典」である。鳥名見出し500件と、その下に関連する逆引き鳥名など1,339件、合計1,839件を収録した。

2．収録範囲および基準

1）漢字表記された鳥名のうち、一般的な名称や総称を見出しとして採用し、読みを示した。

2）鳥名の読みは現代仮名遣いを原則とした。

3）見出し鳥名には、分類、大きさ、季節などを、簡潔に説明した。

4）見出しの漢字表記を含む鳥名を、関連項目として収録、表記・読み、分類や季節が見出しと異なる場合はその説明も示した。

3．記載例

部首4画《木部》 ← 部首画数《部首》

〔80〕桑 ← 〔一連番号〕鳥名の先頭第一文字

← 2文字目の画数

14 **桑鳲**　いかる ← 見出し鳥名

スズメ目アトリ科の鳥。体長23cm。〔分布〕シベリア南西部、中国北部、および日本の北部で繁殖し、日本の南部、中国中部で越冬。〔季語〕夏。 ← 見出し鳥名の解説

桑鳲千鳥　いかるちどり
チドリ目チドリ科の鳥。全長20cm。〔季語〕冬。 ← 見出しの漢字表記を含む関連項目

小桑鳲　こいかる

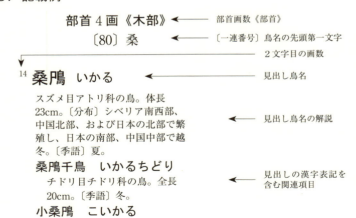

4. 排　列

1）親字の排列

鳥の名の先頭第一文字目を親字とし、『康熙字典』の214部に分類して部首順に排列、同部首内では総画数順に排列して〔　〕で囲んだ一連番号を付した。

2）鳥の名の排列

第二文字以降の総画順に排列、その第二字目の画数を見出しの前に記載した。第二字目が繰り返し記号「々」、ひらがな、カタカナの場合は「0」とみなした。同画数内では部首順に排列した。

5. 音訓よみガイド

本文親字の主要な字音・字訓を一括して五十音順に排列、同じ読みの文字は総画数順に、同画数の場合は本文で掲載されている順に排列、本文の一連番号を示した。

音読み（→ サン）

サン　　山〔56〕 ← 鳥名の先頭第一漢字／一連番号

やま　　山〔56〕

訓読み（→ やま）

6. 部首・総画順ガイド

本文の親字を部首順に排列、同部首内では総画数順に排列して、その一連番号を示した。

部首4画 ← 部首画数

火部 ← 部首

燕〔102〕 ← 鳥名の先頭第一漢字／一連番号

7. 五十音順索引（巻末）

本文に収録した鳥名のよみを五十音順に収録し、掲載ページを示した。見出し鳥名は掲載ページを太字で、逆引きなど関連語は細字で表示した。

音訓よみガイド

（1）本文の親字（鳥名の先頭第一漢字）の主要な音訓よみを一括して五十音順に排列し、その親字の持つ本文での一連番号を示した。
（2）同じ音訓よみの漢字は総画数順に、さらに同じ総画数の文字は本文での排列の順に従って掲げた。

【あ】

ア　亜　〔9〕
　阿　〔193〕
ああ　羌　〔138〕
アイ　矮　〔123〕
あお　蒼　〔158〕
　青　〔201〕
あか　朱　〔77〕
　赤　〔178〕
あかいろ　猩　〔106〕
あがる　上　〔3〕
あき　秋　〔126〕
アク　鷽　〔262〕
あご　顎　〔207〕
あさ　朝　〔75〕
あし　葦　〔155〕
　葭　〔157〕
　趾　〔179〕
あじ　鯵　〔214〕
あした　晨　〔74〕
あたま　頭　〔204〕
あつい　熱　〔101〕
あと　趾　〔179〕
あな　孔　〔49〕
あひる　鶩　〔250〕
あぶら　油　〔91〕
　脂　〔145〕
あま　天　〔45〕
あめ　天　〔45〕
　雨　〔197〕
あやしい　怪　〔64〕

【い】

イ　尉　〔53〕
　葦　〔155〕
いえ　家　〔50〕
いかるが　鵤　〔235〕
いすか　鶍　〔246〕
いただく　戴　〔67〕
イチ　一　〔1〕
イツ　鷸　〔257〕
いつくしむ　慈　〔65〕
いつつ　五　〔8〕
いぬ　狗　〔105〕
いもむし　蜀　〔169〕
いれる　容　〔51〕
いろきじ　鵭　〔255〕
いわ　岩　〔57〕

【う】

ウ　烏　〔97〕
　雨　〔197〕
う　鵜　〔232〕
うえ　上　〔3〕
うえる　秧　〔127〕
うお　魚　〔213〕
うすい　薄　〔162〕
うずら　鶉　〔242〕
うそ　鷽　〔262〕
うつくしい　美　〔139〕
うみ　海　〔92〕
うろこ　鱗　〔215〕
ウン　雲　〔199〕

【え】

え　柄　〔79〕
えがく　画　〔114〕
えび　蝦　〔171〕
えびす　羌　〔138〕
　胡　〔142〕
　蛮　〔167〕
エン　燕　〔102〕
　猿　〔107〕
　鳶　〔218〕
　鴛　〔223〕

【お】

お　尾　〔55〕
オウ　秧　〔127〕
　鶲　〔252〕
　鷹　〔261〕
　鸚　〔265〕
　黄　〔268〕
おうぎ　扇　〔69〕
おおきい　大　〔43〕
　巨　〔60〕
おおとり　鳳　〔219〕
　鴻　〔227〕
おさない　稚　〔128〕
おと　音　〔203〕
おに　鬼　〔212〕
おもて　面　〔202〕
オン　音　〔203〕

【か】

カ　仮　〔13〕
　伽　〔15〕
　家　〔50〕
　掛　〔70〕
　花　〔151〕
　葭　〔157〕
　蚊　〔165〕
　蝦　〔171〕
　蝸　〔172〕
か　蚊　〔165〕
ガ　画　〔114〕
　鵝　〔233〕
　鵞　〔234〕
カイ　怪　〔64〕
　海　〔92〕
　灰　〔96〕
　鶡　〔251〕
かお　顔　〔208〕
かかる　掛　〔70〕
カク　画　〔114〕
　角　〔175〕
　郭　〔184〕
　霍　〔200〕
　鷽　〔262〕
ガク　楽　〔84〕
　顎　〔207〕
　鶚　〔249〕
　鷽　〔262〕
かけす　鵥　〔239〕
かける　懸　〔66〕

掛　〔70〕
かささぎ　鵲　〔241〕
かざる　飾　〔210〕
かし　橿　〔86〕
かしら　頭　〔204〕
かぜ　風　〔209〕
かた　片　〔104〕
かたつむり　蝸　〔172〕
カチ　獦　〔108〕
カツ　獦　〔108〕
鶡　〔251〕
かど　角　〔175〕
かね　金　〔186〕
かま　鎌　〔190〕
かみ　上　〔3〕
かも　鳧　〔216〕
かや　茅　〔152〕
萱　〔156〕
から　唐　〔31〕
がら　柄　〔79〕
からす　烏　〔97〕
かり　仮　〔13〕
雁　〔196〕
かわ　川　〔59〕
かわせみ　翡　〔140〕
カン　冠　〔21〕
管　〔130〕
閑　〔192〕
鸛　〔266〕
ガン　岩　〔57〕
眼　〔121〕
雁　〔196〕
顔　〔208〕
かんむり　冠　〔21〕

【き】

キ　奇　〔46〕
姫　〔47〕
機　〔85〕
鬼　〔212〕
き　木　〔76〕
黄　〔268〕
キク　菊　〔153〕
きくいただき　鶎　〔247〕
きぬ　絹　〔132〕
キョ　巨　〔60〕
ギョ　魚　〔213〕
キョウ　叫　〔27〕
梟　〔82〕
橿　〔86〕
羌　〔138〕
胸　〔144〕
脇　〔146〕
頬　〔205〕
鴞　〔226〕
鵟　〔238〕
ギョク　玉　〔110〕
きり　錐　〔189〕
キン　金　〔186〕
錦　〔188〕

【く】

ク　狗　〔105〕
紅　〔131〕
くさい　臭　〔149〕
くさむら　叢　〔25〕
くそとび　鵟　〔238〕
くだ　管　〔130〕
くちばし　嘴　〔35〕
くつ　沓　〔90〕
くび　頸　〔206〕
首　〔211〕
くま　熊　〔100〕
くも　雲　〔199〕
くるま　車　〔180〕
くるわ　郭　〔184〕
くれない　紅　〔131〕
くろ　玄　〔109〕
黒　〔269〕
くわ　桑　〔80〕
グン　軍　〔181〕

【け】

ケ　仮　〔13〕
家　〔50〕
懸　〔66〕
ケイ　計　〔176〕
頸　〔206〕
鴂　〔222〕
鶏　〔240〕
ケキ　鵙　〔237〕
ゲキ　隙　〔194〕
鴂　〔222〕
鵙　〔237〕
ケツ　鴂　〔222〕
けり　鳧　〔216〕
ケン　懸　〔66〕
絹　〔132〕
萱　〔156〕
ゲン　玄　〔109〕

【こ】

コ　古　〔26〕
胡　〔142〕
虎　〔164〕
こ　児　〔19〕
子　〔48〕
木　〔76〕
ゴ　五　〔8〕
コウ　交　〔10〕
孔　〔49〕
広　〔63〕
紅　〔131〕
縞　〔136〕
蒿　〔160〕
鴻　〔227〕
黄　〔268〕
ゴウ　鵟　〔238〕
こうのとり　鸛　〔266〕
コク　告　〔29〕
黒　〔269〕
こし　腰　〔147〕
こぶ　瘤　〔115〕

【さ】

サ　差　〔61〕
沙　〔88〕

	砂	〔124〕
サイ	西	〔174〕
さかな	魚	〔213〕
さぎ	鷺	〔260〕
さけ	酒	〔94〕
さけぶ	叫	〔27〕
ささやく	囁	〔36〕
さす	差	〔61〕
さる	猿	〔107〕
さわ	沢	〔89〕
サン	三	〔2〕
	山	〔56〕

【し】

シ	嘴	〔35〕
	四	〔37〕
	子	〔48〕
	脂	〔145〕
	趾	〔179〕
	鴟	〔225〕
	鵄	〔228〕
	鴲	〔230〕
ジ	児	〔19〕
	地	〔39〕
	慈	〔65〕
	時	〔73〕
	耳	〔141〕
しか	鹿	〔267〕
しぎ	鴫	〔224〕
	鷸	〔257〕
しずか	閑	〔192〕
ジツ	日	〔72〕
しま	島	〔58〕
	縞	〔136〕
シャ	沙	〔88〕
	砂	〔124〕
	舎	〔150〕
	車	〔180〕
	鷓	〔256〕
ジャ	蛇	〔166〕
シャク	赤	〔178〕
	鵲	〔241〕
ジャク	雀	〔195〕
	鵲	〔241〕
	鶸	〔253〕
シュ	朱	〔77〕
	酒	〔94〕
	珠	〔111〕
	首	〔211〕
ジュ	綬	〔133〕
シュウ	秋	〔126〕
	繡	〔137〕
	臭	〔149〕
ジュウ	十	〔22〕
ジュン	鶉	〔242〕
ショウ	囁	〔36〕
	小	〔54〕
	照	〔99〕
	猩	〔106〕
	青	〔201〕
	鷦	〔258〕
ジョウ	上	〔3〕
	丈	〔4〕
	常	〔62〕
ショク	蜀	〔169〕
	飾	〔210〕
しる	知	〔122〕
しろ	白	〔116〕
シン	信	〔17〕
	晨	〔74〕
	真	〔120〕

【す】

ス	藪	〔163〕
ズ	杜	〔78〕
	頭	〔204〕
スイ	水	〔87〕
	錐	〔189〕
すき	隙	〔194〕
すすき	薄	〔162〕
すすぐ	雪	〔198〕
すずめ	雀	〔195〕
すな	砂	〔124〕
すべて	総	〔134〕
すみ	角	〔175〕

【せ】

せ	背	〔143〕
セイ	猩	〔106〕
	西	〔174〕
	青	〔201〕
せい	背	〔143〕
セキ	赤	〔178〕
	鶺	〔254〕
セツ	雪	〔198〕
セン	仙	〔12〕
	千	〔23〕
	川	〔59〕
	扇	〔69〕
	潜	〔95〕
ゼン	善	〔32〕

【そ】

ソウ	叢	〔25〕
	桑	〔80〕
	爪	〔103〕
	総	〔134〕
	蒼	〔158〕
	藪	〔163〕
ゾク	蜀	〔169〕
そむく	背	〔143〕

【た】

タ	太	〔44〕
た	田	〔113〕
ダ	蛇	〔166〕
タイ	大	〔43〕
	太	〔44〕
	戴	〔67〕
ダイ	大	〔43〕
たか	鷹	〔261〕
タク	啄	〔30〕
	沢	〔89〕
	鵫	〔244〕
たけ	丈	〔4〕
たのしい	楽	〔84〕

たま	玉	〔110〕
	珠	〔111〕
たより	便	〔18〕
タン	嘆	〔34〕

【ち】

チ	地	〔39〕
	知	〔122〕
	稚	〔128〕
ち	千	〔23〕
ちいさい	小	〔54〕
チュウ	中	〔6〕
チョウ	吊	〔28〕
	塚	〔41〕
	朝	〔75〕
	釣	〔187〕
	長	〔191〕
	鶇	〔244〕

【つ】

ついばむ	啄	〔30〕
つか	塚	〔41〕
	柄	〔79〕
つぐみ	鶫	〔248〕
つげる	告	〔29〕
つたわる	伝	〔14〕
つち	土	〔38〕
つつ	筒	〔129〕
つね	常	〔62〕
つの	角	〔175〕
つばめ	燕	〔102〕
つめ	爪	〔103〕
つら	面	〔202〕
つらなる	連	〔182〕
つる	釣	〔187〕
つるす	吊	〔28〕

【て】

テキ	鸐	〔264〕
てらす	照	〔99〕
テン	天	〔45〕
デン	伝	〔14〕
	田	〔113〕

【と】

ト	杜	〔78〕
ド	土	〔38〕
トウ	唐	〔31〕
	島	〔58〕
	桃	〔81〕
	沓	〔90〕
	筒	〔129〕
	頭	〔204〕
	鶇	〔244〕
ドウ	堂	〔40〕
	道	〔183〕
とお	十	〔22〕
とき	時	〔73〕
	晨	〔74〕
	鴇	〔221〕
	鵇	〔229〕
	鴾	〔231〕
とび	鳶	〔218〕
	鴟	〔225〕
	鵄	〔228〕
とら	虎	〔164〕
トン	豚	〔177〕
とんび	鳶	〔218〕

【な】

ない	無	〔98〕
なえ	秧	〔127〕
なか	中	〔6〕
ながい	長	〔191〕
なく	鳴	〔220〕
なげく	嘆	〔34〕
なだ	洋	〔93〕
ナン	南	〔24〕

【に】

ニ	二	〔7〕
	児	〔19〕
にお	鳰	〔217〕
にし	西	〔174〕
にしき	錦	〔188〕
ニチ	日	〔72〕
にわか	霍	〔200〕
にわとり	鶏	〔240〕

【ぬ】

ぬいとり	繡	〔137〕

【ね】

ネツ	熱	〔101〕

【の】

の	野	〔185〕
のぼる	上	〔3〕

【は】

ハイ	背	〔143〕
はい	灰	〔96〕
はかる	計	〔176〕
ハク	伯	〔16〕
	白	〔116〕
	薄	〔162〕
	鶝	〔263〕
はしたか	鷂	〔255〕
はす	蓮	〔159〕
はた	機	〔85〕
ハチ	八	〔20〕
はち	蜂	〔168〕
はな	花	〔151〕
ハン	斑	〔71〕
	鷭	〔259〕
バン	蕃	〔161〕

	蛮	〔167〕
	鸐	〔259〕

【ひ】

ヒ	翡	〔140〕
	鵯	〔243〕
ひ	日	〔72〕
ビ	尾	〔55〕
	眉	〔119〕
	美	〔139〕
ひくい	矮	〔123〕
ひし	菱	〔154〕
ひそかに	密	〔52〕
ひそむ	潜	〔95〕
ひたき	鶲	〔252〕
ひとつ	一	〔1〕
ひめ	姫	〔47〕
ヒャク	百	〔117〕
	鸊	〔263〕
ひょ	鵯	〔243〕
ひろい	広	〔63〕
ひわ	鶸	〔253〕
ビン	便	〔18〕

【ふ】

フ	不	〔5〕
	鳧	〔216〕
ブ	不	〔5〕
	無	〔98〕
	鵐	〔236〕
	鵟	〔250〕
フウ	風	〔209〕
ふくろう	梟	〔82〕
	鴞	〔226〕
ふさ	房	〔68〕
	総	〔134〕
ぶた	豚	〔177〕
ふたつ	二	〔7〕
ブツ	仏	〔11〕
ふとい	太	〔44〕
ふなしうづら	鵐	〔236〕
ふるい	古	〔26〕
フン	鷩	〔251〕

【へ】

ヘイ	柄	〔79〕
ヘキ	碧	〔125〕
	鸊	〔263〕
べに	紅	〔131〕
へび	蛇	〔166〕
ヘン	片	〔104〕
ベン	便	〔18〕

【ほ】

ホウ	蜂	〔168〕
	鳳	〔219〕
	鴇	〔221〕
ほう	頬	〔205〕
ボウ	房	〔68〕
	茅	〔152〕
	鴾	〔229〕
ボク	木	〔76〕
	鵟	〔250〕
ほとけ	仏	〔11〕

【ま】

まこと	真	〔120〕
まじわる	交	〔10〕
まだら	斑	〔71〕
まなこ	眼	〔121〕
まゆ	眉	〔119〕

【み】

ミ	眉	〔119〕
みさご	鶚	〔249〕
みず	水	〔87〕
みそさざい	鷦	〔258〕
みち	道	〔183〕
ミツ	密	〔52〕
	蜜	〔170〕
みつ	蜜	〔170〕
みっつ	三	〔2〕
みどり	碧	〔125〕
	緑	〔135〕
みなみ	南	〔24〕
みみ	耳	〔141〕

【む】

ム	無	〔98〕
	鵐	〔236〕
むく	椋	〔83〕
むね	胸	〔144〕

【め】

め	目	〔118〕
メイ	鳴	〔220〕
メン	面	〔202〕

【も】

モク	木	〔76〕
	目	〔118〕
もぐる	潜	〔95〕
もず	鵙	〔222〕
	鶪	〔237〕
もも	桃	〔81〕
	百	〔117〕
もり	杜	〔78〕

【や】

ヤ	夜	〔42〕
	野	〔185〕
や	家	〔50〕
やっつ	八	〔20〕
やどる	舎	〔150〕
やに	脂	〔145〕
やぶ	藪	〔163〕
やま	山	〔56〕
やまどり	鷮	〔244〕
	鷩	〔251〕

【ゆ】

ユ	油	〔91〕
ユウ	熊	〔100〕
ゆき	雪	〔198〕
ゆるす	容	〔51〕

【よ】

よ	夜	〔42〕
よい	善	〔32〕
ヨウ	容	〔51〕
	洋	〔93〕
	腰	〔147〕
	鴞	〔226〕
	鷂	〔255〕
	鷹	〔261〕
	鸚	〔265〕
よっつ	四	〔37〕
よもぎ	蒿	〔160〕
よる	夜	〔42〕

【ら】

ラ	喇	〔33〕
	蝸	〔172〕
ライ	鵣	〔245〕
ラク	楽	〔84〕
ラツ	喇	〔33〕

【り】

リュウ	瑠	〔112〕
	瘤	〔115〕
リョウ	椋	〔83〕
	獡	〔108〕
	菱	〔154〕
リョク	緑	〔135〕
リン	鱗	〔215〕

【る】

ル	瑠	〔112〕
	瘤	〔115〕

【れ】

レン	蓮	〔159〕
	連	〔182〕
	鎌	〔190〕

【ろ】

ロ	鷺	〔260〕
ロウ	臘	〔148〕
	蠟	〔173〕
ロク	緑	〔135〕
	鹿	〔267〕

【わ】

ワイ	矮	〔123〕
わき	脇	〔146〕

部首・総画順ガイド

（1）本文の親字（鳥名の先頭第一漢字）を部首順に排列して、その親字の本文での一連番号を〔　〕に囲んで示した。
（2）同じ部首内の漢字は総画数順に排列した。

部首・総画順ガイド

部首1画	部首3画	尸部	柄 [79]	瑠 [112]
一部	口部	尾 [55]	桑 [80]	田部
一 [1]	古 [26]	山部	桃 [81]	田 [113]
三 [2]	叫 [27]	山 [56]	梟 [82]	画 [114]
上 [3]	吊 [28]	岩 [57]	椋 [83]	广部
丈 [4]	告 [29]	島 [58]	楽 [84]	廇 [115]
不 [5]	啄 [30]	巛部	機 [85]	白部
丨部	唐 [31]	川 [59]	櫃 [86]	白 [116]
中 [6]	善 [32]	工部	水部	百 [117]
	喇 [33]	巨 [60]	水 [87]	目部
部首2画	嘆 [34]	差 [61]	沙 [88]	目 [118]
二部	嘴 [35]	巾部	沢 [89]	眉 [119]
二 [7]	囂 [36]	常 [62]	沓 [90]	真 [120]
五 [8]	囗部	广部	油 [91]	眼 [121]
亜 [9]	四 [37]	広 [63]	海 [92]	矢部
亠部	土部		洋 [93]	知 [122]
交 [10]	土 [38]	部首4画	酒 [94]	矮 [123]
人部	地 [39]	心部	潜 [95]	石部
仏 [11]	堂 [40]	怪 [64]	火部	砂 [124]
仙 [12]	塚 [41]	慈 [65]	灰 [96]	碧 [125]
仮 [13]	夕部	懸 [66]	烏 [97]	禾部
伝 [14]	夜 [42]	戈部	無 [98]	秋 [126]
伽 [15]	大部	戴 [67]	照 [99]	秧 [127]
伯 [16]	大 [43]	戸部	熊 [100]	稚 [128]
信 [17]	太 [44]	房 [68]	熱 [101]	
便 [18]	天 [45]	扇 [69]	燕 [102]	部首6画
儿部	奇 [46]	手部	爪部	竹部
児 [19]	女部	掛 [70]	爪 [103]	筒 [129]
八部	姫 [47]	文部	片部	管 [130]
八 [20]	子部	斑 [71]	片 [104]	糸部
冖部	子 [48]	日部	犬部	紅 [131]
冠 [21]	孔 [49]	日 [72]	狗 [105]	絹 [132]
十部	宀部	時 [73]	猩 [106]	綬 [133]
十 [22]	家 [50]	晨 [74]	猿 [107]	総 [134]
千 [23]	容 [51]	月部	獨 [108]	緑 [135]
南 [24]	密 [52]	朝 [75]		縞 [136]
又部	寸部	木部	部首5画	繍 [137]
叢 [25]	尉 [53]	木 [76]	玄部	羊部
	小部	朱 [77]	玄 [109]	羌 [138]
	小 [54]	杜 [78]	玉部	美 [139]
			玉 [110]	
			珠 [111]	

難読/誤読 鳥の名前漢字よみかた辞典

難読
誤読 鳥の名前漢字よみかた辞典

部首1画《一部》

〔1〕一

9 **一紅鳥　いっこうちょう**
スズメ目カエデチョウ科の鳥。体長12cm。〔分布〕アフリカのサハラ砂漠以南。
大一紅鳥　おおいっこうちょう

〔2〕三

2 **三十三才　みそさざい**
スズメ目ミソサザイ科の鳥。別名ミソッチョ。体長8cm。〔分布〕カナダ中央部・南部、アラスカ、合衆国西海岸および東部の一部地域、ヨーロッパ、アジア、北アフリカで繁殖。北方に生息するものは南下して越冬。日本では全国に1年中生息。〔季語〕冬。

8 **三府鶉　みふうずら**
ツル目ミフウズラ科の鳥。全長14cm。

11 **三趾啄木鳥　みゆびげら**
キツツキ目キツツキ科の鳥。体長22cm。〔分布〕北アメリカ北部（南限は合衆国北部）、ユーラシア北部（南限はスカンジナビア半島南部）、シベリア南部、中国西部。日本では北海道で少数が記録されたのみ。

三趾鶉　みふうずら
ツル目ミフウズラ科の鳥。全長14cm。

12 **三斑鶉　みふうずら**
ツル目ミフウズラ科の鳥。広義には、ツル目ミフウズラ科に属する鳥の総称。全長14cm。〔分布〕アジアの亜熱帯と熱帯。日本では南西諸島。
首輪三斑鶉　くびわみふうずら
朝鮮三斑鶉　ちょうせんみふうずら
姫三斑鶉　ひめみふうずら

〔3〕上

21 **上鶲　じょうびたき**
スズメ目ヒタキ科ツグミ亜科の鳥。全長15cm。〔分布〕シベリア南東部、サハリン・中国北部・中央部。日本では冬鳥として渡来。〔季語〕秋。

〔4〕丈

10 **丈高鷸　せいたかしぎ**
チドリ目セイタカシギ科の鳥。体長35〜40cm。〔分布〕熱帯、亜熱帯、温帯に広く分布。日本では千葉県、愛知県などで繁殖、越冬。
反嘴丈高鷸　そりはしせいたかしぎ

〔5〕不

6 **不如帰　ほととぎす**
ホトトギス目ホトトギス科の鳥。全長28cm。〔分布〕ヒマラヤからウスリー、マレー半島、ボルネオ島、大スンダ列島、マダガスカル島で繁殖。日本では九州以北の夏鳥。〔季語〕夏。

部首1画《丨部》

〔6〕中

15 **中嘴　ちゅうはし**

キツツキ目オオハシ科の鳥。チュウハシ属に含まれる鳥の総称。

青嘴小中嘴　あおはしこちゅうはし

赤帯中嘴　あかおびちゅうはし

黄金中嘴　おうごんちゅうはし

黄嘴緑中嘴　きばしみどりちゅうはし

胸斑中嘴　むなふちゅうはし

部首2画《二部》

〔7〕二

12 **二距鷓鴣　ふたつけづめしゃこ**

キジ目キジ科の鳥。別名フタツヅメコモンシャコ。

〔8〕五

2 **五十雀　ごじゅうから**

スズメ目ゴジュウカラ科の鳥。体長11～13cm。〔分布〕西ヨーロッパから東は日本およびカムチャッカ半島。日本では広葉樹林、混交林。〔季語〕夏。

赤顔五十雀　あかがおごじゅうから

岩五十雀　いわごじゅうから

鬼五十雀　おにごじゅうから

顔白五十雀　かおじろごじゅうから

朝鮮五十雀　ちょうせんごじゅうから

東岩五十雀　ひがしいわごじゅうから

姫五十雀　ひめごじゅうから

紅嘴五十雀鵙　べにばしごじゅうからもず

胸帯五十雀　むなおびごじゅうから

瑠璃五十雀　るりごじゅうから

6 **五色鳥　ごしきどり**

キツツキ目ゴシキドリ科の鳥。全長20cm。〔分布〕中国南部からスマトラ島、マレーシア。

喉赤五色鳥　のどあかごしきどり

緋頭五色鳥　ひがしらごしきどり

〔9〕亜

11 **亜麻鷺　あまさぎ**

コウノトリ目サギ科の鳥。別名ショウジョウサギ。体長48～53cm。〔分布〕ユーラシア南部、アフリカ、オーストララシア、合衆国南部、南アメリカ北部。日本では本州以南。

部首2画《亠部》

〔10〕交

10 **交啄　いすか**

スズメ目アトリ科の鳥。体長16cm。〔分布〕アラスカからグアテマラに至るアメリカ大陸、ユーラシア大陸、アルジェリア、チュニジア、バレアレス諸島。日本では本州中部、北部で不定期に少数が繁殖するほか、冬鳥として不定期な渡来がある。〔季語〕秋。

鳴交啄　なきいすか

12 **交喙　いすか**

スズメ目アトリ科の鳥。体長16cm。〔季語〕秋。

部首2画《人部》

〔11〕仏

8 **仏法僧　ぶっぽうそう**

ブッポウソウ目ブッポウソウ科の鳥。「ブッ・ポウ・ソウ」と鳴くことで知られた鳥は木葉木菟で別種。体長29cm。〔分布〕オーストラリア北・東部、ニューギニア、東南アジア、インド、中国。日本では本州、四国、九州の夏鳥。〔季語〕夏。

大仏法僧　おおぶっぽうそう

オオブッポウソウ目オオブッポウソウ科の鳥。体長42cm。

地仏法僧　じぶっぽうそう

〔12〕仙

2 **仙入　せんにゅう**

スズメ目ヒタキ科の鳥。ウグイス亜科センニュウ属に含まれる鳥の総称。〔季語〕秋。

内山仙入　うちやませんにゅう

蝦夷仙入　えぞせんにゅう

島仙入　しませんにゅう

牧野仙入　まきのせんにゅう

〔13〕仮

9 **仮面梟　めんふくろう**

フクロウ目メンフクロウ科の鳥。体長33～35cm。〔分布〕南・北アメリカ、ヨーロッパ、アフリカ、アラビア、インド、東南アジア、オーストラリア。

南仮面梟　みなみめんふくろう

〔14〕伝

10 **伝書鳩　でんしょばと**

ハト目ハト科の鳥。ハト科のカワラバト（Columbalivia）を家禽化したもの。方向感覚、帰巣性に優れ、長距離飛行の能力が高く、また飼養が容易なことで使われる。

〔15〕伽

17 **伽藍鳥　がらんちょう，ぺりかん**

ペリカン目ペリカン科の鳥。体長140～175cm。〔分布〕南ヨーロッパ、アフリカ、アジア。

灰色伽藍鳥　はいいろぺりかん

桃色伽藍鳥　ももいろぺりかん

〔16〕伯

7 伯労　もず

スズメ目モズ科の鳥。別名モズタカ、タカモンズ、スズメタカ。全長20cm。〔分布〕中国東部、サハリン、日本などで繁殖し、中国南部に渡って越冬。日本では九州以北で繁殖し、暖地に移って越冬。〔季語〕秋。

〔17〕信

4 信天翁　あほうどり

ミズナギドリ目アホウドリ科の鳥。全長84～94cm。〔分布〕北太平洋に生息し、繁殖地は伊豆諸島の鳥島と尖閣諸島。絶滅危惧種, 特別天然記念物。

黒脚信天翁　くろあしあほうどり

小信天翁　こあほうどり

煤色信天翁　すすいろあほうどり

渡信天翁　わたりあほうどり

〔18〕便

9 便追　びんずい

スズメ目セキレイ科の鳥。別名キヒバリ。全長15.5cm。〔分布〕アジアの温帯、亜寒帯で繁殖し、インド、ボルネオ島など熱帯に渡って越冬。日本では四国以北の山地で繁殖し、冬は平地へ移動。〔季語〕夏。

22 便鷚　びんずい

スズメ目セキレイ科の鳥。別名キヒバリ。全長15.5cm。〔季語〕夏。

部首2画《儿部》

〔19〕児

18 児鵙　ちごもず

スズメ目モズ科の鳥。別名モズタカ、タカモズ、トラモズ。全長18.5cm。〔分布〕ウスリー地方・朝鮮半島・中国北東部・日本。日本では本州中部、東北地方に夏鳥として渡来。〔季語〕秋。

稚児鵙　ちごもず

部首2画《八部》

〔20〕八

6 八色鳥　やいろちょう

スズメ目ヤイロチョウ科の鳥。別名アカダンナ、チョウセンツグミ、ヤイロツグミ。体長20cm。〔分布〕インド亜大陸。渡りをする個体群はインド南部やスリランカで越冬。日本では愛媛県・宮崎県・長野県。絶滅危惧種。

赤腹八色鳥　あかはらやいろちょう

蟻八色鳥　ありやいろちょう

鬼八色鳥　おにやいろちょう

黒腹縞八色鳥　くろはらしまやいろちょう

頭黒八色鳥　ずぐろやいろ

　ちょう
角八色鳥　つのやいろちょう
喉黒八色鳥　のどぐろやいろちょう
眉八色鳥　まみやいろちょう
瑠璃八色鳥　るりやいろちょう

7 **八角鷹　はちくま**
タカ目タカ科の鳥。全長オス57cm, メス61cm。〔季語〕冬。

10 **八哥鳥　はっかちょう**
スズメ目ムクドリ科の鳥。全長26.5cm。

16 **八頭　やつがしら**
サイチョウ目ヤツガシラ亜目ヤツガシラ科の鳥。体長28cm。〔分布〕ヨーロッパ、アジア、アフリカ、マダガスカル。北方の個体は熱帯で越冬。

部首2画《冖部》

〔21〕冠

3 **冠小鴇　かんむりしょうのがん**
ツル目ノガン科の鳥。別名アカブサノガン。体長50cm。〔分布〕サハラ南辺、セネガル北部からスーダン西・東部にかけ局地的に。東アフリカ、エチオピアからタンザニア東中部。アフリカ南部、南アフリカ北部まで。

11 **冠雀　かんむりがら**
スズメ目シジュウカラ科の鳥。体長11.5cm。〔分布〕ヨーロッパおよびスカンジナビア半島、東はウラル山脈まで。

部首2画《十部》

〔22〕十

1 **十一　じゅういち**
ホトトギス目ホトトギス科の鳥。全長28cm。〔分布〕インド北部から中国東北部、ウスリー、南は大スンダ列島。日本では北海道・本州・四国。〔季語〕夏。
大十一　おおじゅういち

8 **十姉妹　じゅうしまつ**
スズメ目カエデチョウ科の鳥。全長11cm。

〔23〕千

11 **千鳥　ちどり**
チドリ目チドリ科の鳥。チドリ科に属する鳥の総称。全長14～41cm。〔分布〕永久凍土地帯を除く全世界。〔季語〕冬。
桑鳲千鳥　いかるちどり
石千鳥　いしちどり
大千鳥　おおちどり
大目大千鳥　おおめだいちどり
蟹千鳥　かにちどり
小千鳥　こちどり
小嘴千鳥　こばしちどり
小雲雀千鳥　こひばりちどり
鞘嘴千鳥　さやはしちどり
白千鳥　しろちどり
燕千鳥　つばめちどり

嘴曲千鳥　はしまがりちどり
羽白小千鳥　はじろこちどり
雲雀千鳥　ひばりちどり
眼大千鳥　めだいちどり

〔24〕南

9 **南洋蛇鵜**
あじあへびう

ペリカン目ヘビウ科の鳥。体長85〜97cm。〔分布〕アフリカ（サハラ砂漠以南）、アジア南部および南東部、オーストラリア、ニューギニア。

部首2画《又部》

〔25〕叢

11 **叢鳥　くさむらどり**

スズメ目クサムラドリ科の鳥。Atrichornithidaeの鳥の総称。体長16〜23cm。

喉白叢鳥　のどじろくさむらどり
脇黒叢鳥　わきぐろくさむらどり

部首3画《口部》

〔26〕古

12 **古間鷗　ふるまかもめ**

ミズナギドリ目ミズナギドリ科の鳥。体長45〜50cm。〔分布〕北太平洋、北大西洋。

〔27〕叫

11 **叫鳥　さけびどり**

カモ目サケビドリ科の鳥。サケビドリ科に属する鳥の総称。

冠叫鳥　かんむりさけびどり
黒襟叫鳥　くろえりさけびどり
角叫鳥　つのさけびどり

〔28〕吊

11 **吊巣雀　つりすがら**

スズメ目ツリスガラ科の鳥。体長11cm。〔分布〕ヨーロッパ南部および東部、シベリア西部、小アジア、中央アジアからインド北西部、中国北部および朝鮮。

〔29〕告

4 **告天子**
こうてんし，ひばり

スズメ目ヒバリ科の鳥。体長18cm。〔分布〕ヨーロッパ、アフリカ最北端、中東、中央アジア北部および東アジア、日本。バンクーバー島（カナダ）、ハワイ、オーストラリア、ニュージーランドにも移入。〔季語〕春。

首輪告天子　くびわこうてんし
黒襟告天子　くろえりこうてんし
羽白告天子　はじろこうてんし
姫告天子　ひめこうてんし

〔30〕啄

4 啄木鳥　きつつき

キツツキ目キツツキ科の鳥。キツツキ科に属する鳥の総称。全長16～55cm。〔分布〕アメリカ、アフリカ、ユーラシア。〔季語〕秋。

啄木鳥鸚哥　けらいんこ
オウム目インコ科の鳥。

嘴白啄木鳥　はしじろきつつき

嘴細啄木鳥　はしぼそきつつき

啄木鳥　けら

キツツキ目キツツキ科の鳥。キツツキ類の別称で、アカゲラ、コゲラなどのように個々の種名に用いられる。〔季語〕秋。

緑啄木鳥　あおげら

赤啄木鳥　あかげら

岩啄木鳥　いわきつつき

大赤啄木鳥　おおあかげら

熊啄木鳥　くまげら

小赤啄木鳥　こあかげら

小啄木鳥　こげら

団栗啄木鳥　どんぐりきつつき

野口啄木鳥　のぐちげら

三趾啄木鳥　みゆびげら

山啄木鳥　やまげら

〔31〕唐

3 唐丸　とうまる

キジ目キジ科の鳥。別名鳴唐丸、蜀鶏。〔分布〕日本では新潟県。天然記念物。

5 唐白鷺　からしらさぎ

コウノトリ目サギ科の鳥。全長65cm。〔分布〕朝鮮半島北部・中国南東部。絶滅危惧種。

8 唐知目鳥　からちめどり

スズメ目ヒタキ科ウグイス亜科の鳥。全長15.5cm。〔分布〕中国中部から北西部。

〔32〕善

8 善知鳥　うとう

チドリ目ウミスズメ科の鳥。全長35～38cm。〔分布〕北太平洋。日本では南千島、北海道の天売島、大黒島、岩手県椿島、宮城県足島などで繁殖。

〔33〕喇

5 喇叭鳥　らっぱちょう

ツル目ラッパチョウ科の鳥。ラッパチョウ科に属する鳥の総称。体長43～53cm。〔分布〕南東ベネズエラ、ギアナ。

青羽喇叭鳥　あおばねらっぱちょう

羽白喇叭鳥　はじろらっぱちょう

〔34〕嘆

13 嘆鳩　なげきばと

ハト目ハト科の鳥。体長30cm。〔分布〕アラスカ南東部、カナダ南部からパナマ中部、カリブ海。

〔35〕 嘴

5 **嘴広鸛　はしびろこう**

コウノトリ目ハシビロコウ科の鳥。体長100〜120cm。〔分布〕スーダン、ウガンダ、ザイールからザンビア。

〔36〕 嚙

20 **嚙鶩　なきあひる**

カモ目カモ科の鳥。別名合鴨。〔分布〕日本。

部首3画《囗部》

〔37〕 四

2 **四十雀　しじゅうから**

スズメ目シジュウカラ科の鳥。広義には、スズメ目シジュウカラ科に属する鳥の総称。体長11〜22cm。〔分布〕ヨーロッパ、アジア、アフリカ、北アメリカ（メキシコの一部を含む）。〔季語〕夏。

冠四十雀　かんむりしじゅうから

黄腹四十雀　きばらしじゅうから

四十雀雁　しじゅうからがん

カモ目カモ科の鳥。別名カナダガン。68cm。〔季語〕秋。

部首3画《土部》

〔38〕 土

11 **土巣鳥　つちすどり**

スズメ目ツチスドリ科の鳥。広義には、ツチスドリ科の鳥の総称。体長20〜26cm。〔分布〕オーストラリア、チモール島、ロード・ハウ島、ニューギニア。

大土巣鳥　おおつちすどり

灰色土巣鳥　はいいろつちすどり

13 **土鳩　どばと**

ハト目ハト科の鳥。全長32cm。

土鳩鴿　どばと

ハト目ハト科の鳥。全長32cm。

〔39〕 地

16 **地頭鶏　じどっこ，じっとこ**

キジ目キジ科の鳥。鶏の品種名。鶏冠が小さく毛冠・ひげを有し、脚が短い。九州南部（鹿児島県・宮崎県）の在来種。島津藩の地頭職に献上することからこの名がついた。天然記念物。

地鴫　じしぎ

チドリ目シギ科の鳥。シギ科に属するオオジシギ（Gallinago hardwickii）、チュウジシギ（G. megala）の総称。

大地鴫　おおじしぎ

〔季語〕夏。

23 **地鷸　じしぎ**

チドリ目シギ科の鳥。シギ科に属するオオジシギ（Gallinago hardwickii）、チュウジシギ（G. megala）の総称。

大地鷸　おおじしぎ

〔季語〕夏。

中地鷸　ちゅうじしぎ

〔40〕堂

13 **堂鳩　いえばと，どばと**

ハト目ハト科の鳥。全長32cm。

〔41〕塚

10 **塚造　つかつくり**

キジ目ツカツクリ科の鳥。ツカツクリ科に属する鳥の総称。全長27〜60cm。〔分布〕ニコバル諸島からマレーシア、インドネシア、フィリピン、オーストラリア、ニューギニアをへてトンガ、マリアナ諸島、パラオ諸島。

赤嘴塚造　あかはしつかつくり

烏帽子塚造　えぼしつかつくり

草叢塚造　くさむらつかつくり

藪塚造　やぶつかつくり

部首3画《夕部》

〔42〕夜

24 **夜鷹　よたか**

ヨタカ目ヨタカ科の鳥。全長29cm。〔分布〕アジアの熱帯から温帯に分布し、東部のものはボルネオ島、スマトラ島などに渡って越冬。日本では九州以北の夏鳥。〔季語〕夏。

赤襟夜鷹　あかえりよたか

油夜鷹　あぶらよたか

薄黒夜鷹　うすぐろよたか

大蝦蟇口夜鷹　おおがまぐちよたか

大立夜鷹　おおたちよたか

大夜鷹　おおよたか

尾白夜鷹　おじろよたか

尾長夜鷹　おながよたか

帯尾夜鷹　おびおよたか

蝦蟇口夜鷹　がまぐちよたか

鎌羽夜鷹　かまばねよたか

黒夜鷹　くろよたか

小蝦蟇口夜鷹　こがまぐちよたか

小紋夜鷹　こもんよたか

白顎夜鷹　しろあごよたか

白腹大夜鷹　しろはらおおよたか

木菟夜鷹　ずくよたか

竪琴夜鷹　たてごとよたか

南米尾長夜鷹　なんべいおながよたか

喉白耳夜鷹　のどじろみみよたか

灰色立夜鷹　はいいろたちよたか

鋏尾夜鷹　はさみおよたか

半襟夜鷹　はんえりよたか

吹流夜鷹　ふきながしよたか

耳夜鷹　みみよたか

深山菟夜鷹　みやまずくよたか

部首3画《大部》

〔43〕大

2 **大七宝** おおしっぽう
スズメ目カエデチョウ科の鳥。全長13cm。〔分布〕アフリカ。

大十一
おおじゅういち
ホトトギス目ホトトギス科の鳥。全長40cm。〔分布〕ヒマラヤから東南アジア。

4 **大仏法僧**
おおぶっぽうそう
オオブッポウソウ目オオブッポウソウ科の鳥。体長42cm。〔分布〕マダガスカルおよびコモロ諸島。

5 **大目大千鳥**
おおめだいちどり
チドリ目チドリ科の鳥。全長22cm。〔分布〕旧ソ連南部からモンゴル、トルコ・ヨルダン・アフガニスタン。

7 **大赤啄木鳥**
おおあかげら
キツツキ目キツツキ科の鳥。全長28cm。〔分布〕スカンジナビア南部・ヨーロッパ東部・小アジア・シベリア南部・モンゴル・中国・ウスリー・朝鮮半島・台湾・日本。

8 **大波武** おおはむ
アビ目アビ科の鳥。体長58〜73cm。〔分布〕北極圏、温帯北部。南に渡って越冬。

大虎鶫
おおとらつぐみ
スズメ目ヒタキ科ツグミ亜科の鳥。全長30cm。〔分布〕日本では奄美大島、加計呂麻島。絶滅危惧種，天然記念物。〔季語〕夏。

9 **大帝鳩**
おおみかどばと
ハト目ハト科の鳥。全長50cm。〔分布〕ニューカレドニア・パイン島。絶滅危惧種。

大香雨鳥
おおこううちょう
スズメ目ムクドリモドキ科の鳥。全長オス34cm，メス29cm。〔分布〕メキシコ南東部からブラジル、アルゼンチン。

12 **大葦五位**
おおよしごい
コウノトリ目サギ科の鳥。全長39cm。〔分布〕シベリア南東部・日本・朝鮮半島・中国。日本では北海道、本州、佐渡。〔季語〕夏。

大葭五位
おおよしごい
コウノトリ目サギ科の鳥。〔季語〕夏。

13 **大慈悲心**
おおじゅういち
ホトトギス目ホトトギス科の鳥。全長40cm。〔分布〕ヒマラヤから東南アジア。

大猿子　おおましこ

スズメ目アトリ科の鳥。体長16cm。〔分布〕シベリア東部とモンゴル北部。中国、朝鮮半島、日本に渡る個体群もいる。〔季語〕秋。

14
大管鼻鷗　おおふるまかもめ

ミズナギドリ目ミズナギドリ科の鳥。体長86〜99cm。〔分布〕南半球の海洋。北限は南緯10度。島、南極大陸沿岸で繁殖。

15
大嘴　おおはし

キツツキ目オオハシ科の鳥。オオハシ科に属する鳥の総称。全長33〜66cm。〔分布〕メキシコ南部からボリビアとアルゼンチン北部までの、アンティル諸島を除く熱帯アメリカ。

大嘴海鳥　おおはしうみがらす
チドリ目ウミスズメ科の鳥。体長43cm。

大嘴郭公　おおはしかっこう
ホトトギス目ホトトギス科の鳥。体長37cm。

大嘴鴉　おおはしがらす
スズメ目カラス科の鳥。全長64cm。

大嘴鷸　おおはししぎ
チドリ目シギ科の鳥。全長29cm。

大嘴太蘭鳥　おおはしたいらんちょう
スズメ目タイランチョウ科の鳥。体長23cm。

大嘴鳩　おおはしばと
ハト目ハト科の鳥。体長33cm。

大嘴目白　おおはしめじろ
スズメ目メジロ科の鳥。体長11.5cm。

鬼大嘴　おにおおはし

黄胸大嘴　きむねおおはし

小波大嘴鴨　さざなみおおはしがも
ガンカモ目ガンカモ科の鳥。体長42cm。

黄胸大嘴　さんしょくきむねおおはし

三色山大嘴　さんしょくやまおおはし

白襟大嘴鴉　しろえりおおはしがらす
スズメ目カラス科の鳥。体長55cm。

嘴黒山大嘴　はしぐろやまおおはし

緋胸大嘴　ひむねおおはし

大嘴鵙　おおはしもず

スズメ目オオハシモズ科の鳥。オオハシモズ科に属する鳥の総称。体長12〜30cm。

赤尾大嘴鵙　あかおおおはしもず

赤大嘴鵙　あかおおはしもず

鉤嘴大嘴鵙　かぎはしおおはしもず

黒喉嘴細大嘴鵙　くろのどはしぼそおおはしもず

白喉嘴細大嘴鵙　しろのどはしぼそおおはしもず

嘴長大嘴鵙　はしながおおはしもず

大蕃鵑　おおばんけん

ホトトギス目ホトトギス科の鳥。全長53cm。〔分布〕東南アジア。

大蕃鵑　ばんけん

16
大頭　おおがしら
キツツキ目オオガシラ科の鳥。オオガシラ科に属する鳥の総称。全長14～29cm。〔分布〕メキシコからブラジル南部まで。

栗帽子大頭　くりぼうしおおがしら

白襟大頭　しろえりおおがしら

白黒大頭　しろくろおおがしら

燕大頭　つばめおおがしら

斑大頭　まだらおおがしら

耳白大頭　みみじろおおがしら

胸黒大頭　むなぐろおおがしら

大頭黒鷗　おおずぐろかもめ
チドリ目カモメ科の鳥。全長69cm。〔分布〕黒海・カスピ海・アラル海と旧ソ連南西部・モンゴル・中国。

18
大鵠　おおはくちょう
ガンカモ目ガンカモ科の鳥。全長140～165cm。〔分布〕イギリス、イタリア北部。

大鵟　おおのすり
ワシタカ目ワシタカ科の鳥。全長60cm。〔分布〕中国北東部・モンゴル北東部・チベット・シベリア南東部。

21
大鶲擬　おおひたきもどき
スズメ目タイランチョウ科の鳥。体長18～20cm。〔分布〕北アメリカ東部(カナダ中南部および東部からテキサスおよびメキシコ湾岸)で繁殖。冬はフロリダ南部からメキシコや南アメリカ。

〔44〕太

19
太蘭鳥　たいらんちょう
スズメ目タイランチョウ科の鳥。タイランチョウ科に属する鳥の総称。体長5～38cm。〔分布〕北・中央・南アメリカ(北アメリカの極地圏は除く)、西インド諸島、ガラパゴス諸島。

赤尾鉤嘴太蘭鳥　あかおかぎはしたいらんちょう

赤顔太蘭鳥　あかがおたいらんちょう

赤腹太蘭鳥　あかはらたいらんちょう

赤目太蘭鳥　あかめたいらんちょう

足長太蘭鳥　あしながたいらんちょう

牛太蘭鳥　うしたいらんちょう

薄色鉤嘴太蘭鳥　うすいろかぎはしたいらんちょう

薄斑太蘭鳥　うすぶちたいらんちょう

烏帽子雀太蘭鳥　えぼしからたいらんちょう

烏帽子太蘭鳥　えぼしたいらんちょう

扇太蘭鳥　おうぎたいらんちょう

王様太蘭鳥　おうさまたいらんちょう

大嘴太蘭鳥　おおはしたいらんちょう

尾長雄鳥太蘭鳥　おながおんどりたいらんちょう
尾長太蘭鳥　おながたいらんちょう
雄鳥太蘭鳥　おんどりたいらんちょう
褐色太蘭鳥　かっしょくたいらんちょう
蚊取太蘭鳥　かとりたいらんちょう
鎌嘴太蘭鳥　かまはしたいらんちょう
冠太蘭鳥　かんむりたいらんちょう
黄帯目白太蘭鳥　きおびめじろたいらんちょう
黄腰太蘭鳥　きごしたいらんちょう
黄喉平嘴太蘭鳥　きのどひらはしたいらんちょう
黄喉目白太蘭鳥　きのどめじろたいらんちょう
黄腹大太蘭鳥　きばらおおたいらんちょう
黄腹小太蘭鳥　きばらこたいらんちょう
黄腹白菊太蘭鳥　きばらしらぎくたいらんちょう
黄腹斑太蘭鳥　きばらぶちたいらんちょう
黄腹豆太蘭鳥　きばらまめたいらんちょう
黄腹丸嘴太蘭鳥　きばらまるはしたいらんちょう
黄腹目白太蘭鳥　きばらめじろたいらんちょう
黄眉太蘭鳥　きまゆたいらんちょう
黒月太蘭鳥　くろつきたいらんちょう
腰赤藪太蘭鳥　こしあかやぶたいらんちょう
五色太蘭鳥　ごしきたいらんちょう
小鶺鴒太蘭鳥　こせきれいたいらんちょう
小太蘭鳥　こたいらんちょう
小嘴太蘭鳥　こばしたいらんちょう
小人太蘭鳥　こびとたいらんちょう
小斑太蘭鳥　ごまだらたいらんちょう
白髪双尾太蘭鳥　しらがふたおたいらんちょう
白襟太蘭鳥　しろえりたいらんちょう
白頭太蘭鳥　しろがしらたいらんちょう
白太蘭鳥　しろたいらんちょう
頭黒尾長太蘭鳥　ずぐろおながたいらんちょう
頭黒嘴長太蘭鳥　ずぐろはしながたいらんちょう
砂色鶲太蘭鳥　すないろひたきたいらんちょう
背赤太蘭鳥　せあかたいらんちょう
縦縞雀太蘭鳥　たてじまからたいらんちょう
茶色太蘭鳥　ちゃいろたいらんちょう
茶色月太蘭鳥　ちゃいろつきたいらんちょう
茶帽子岩太蘭鳥　ちゃぼうしいわたいらんちょう
月太蘭鳥　つきたいらんちょう
燕太蘭鳥　つばめたいらんちょう
西太蘭鳥　にしたいらん

ちょう
鼠目白太蘭鳥　ねずみめじろたいらんちょう
灰色太蘭鳥　はいいろたいらんちょう
灰色嘆太蘭鳥　はいいろなげきたいらんちょう
鋏尾太蘭鳥　はさみおたいらんちょう
嘴長赤星太蘭鳥　はしながあかぼしたいらんちょう
嘴太赤星太蘭鳥　はしぶとあかぼしたいらんちょう
羽白黒太蘭鳥　はじろくろたいらんちょう
針尾太蘭鳥　はりおたいらんちょう
針羽虫喰太蘭鳥　はりばねむしくいたいらんちょう
姫太蘭鳥　ひめたいらんちょう
姫灰色太蘭鳥　ひめはいいろたいらんちょう
笛吹太蘭鳥　ふえふきたいらんちょう
吹流太蘭鳥　ふきながしたいらんちょう
二筋太蘭鳥　ふたすじたいらんちょう
斑太蘭鳥　ぶちたいらんちょう
紅太蘭鳥　べにたいらんちょう
頬白小太蘭鳥　ほおじろこたいらんちょう
頬白太蘭鳥　ほおじろたいらんちょう
眉白小太蘭鳥　まみじろこたいらんちょう
緑目白太蘭鳥　みどりめじろたいらんちょう
耳黒小太蘭鳥　みみぐろこたいらんちょう
深山鵙太蘭鳥　みやまもずたいらんちょう
胸赤帽子太蘭鳥　むねあかぼうしたいらんちょう
眼鏡太蘭鳥　めがねたいらんちょう
目白小太蘭鳥　めじろこたいらんちょう
目白太蘭鳥　めじろたいらんちょう
森太蘭鳥　もりたいらんちょう
紋黄太蘭鳥　もんきたいらんちょう

〔45〕天

2 天人鳥　てんにんちょう

スズメ目ハタオリドリ科テンニンチョウ亜科の鳥。体長オス33cm（繁殖期）・15cm（非繁殖期），メス13cm。〔分布〕サハラ以南のアフリカ。

22 天鸎　ひばり

スズメ目ヒバリ科の鳥。体長18cm。〔分布〕ヨーロッパ、アフリカ最北端、中東、中央アジア北部および東アジア、日本。バンクーバー島（カナダ）、ハワイ、オーストラリア、ニュージーランドにも移入。〔季語〕春。

〔46〕奇

11 奇異鳥　きーうぃ

ダチョウ目キーウィ科の鳥。体長70cm。〔分布〕ニュージーランド。

絶滅危惧種。

部首3画《女部》

〔47〕姫

4 **姫水薙鳥**
まんくすみずなぎどり
ミズナギドリ目ミズナギドリ科の鳥。体長30〜38cm。〔分布〕繁殖は北大西洋および地中海の島々。繁殖期後は南で越冬。南限は南アメリカ。

部首3画《子部》

〔48〕子

11 **子規　ほととぎす**
ホトトギス目ホトトギス科の鳥。全長28cm。〔分布〕ヒマラヤからウスリー、マレー半島、ボルネオ島、大スンダ列島、マダガスカル島で繁殖。日本では九州以北の夏鳥。〔季語〕夏。

〔49〕孔

11 **孔雀　くじゃく**
キジ目キジ科クジャク属の鳥。広義には、キジ目キジ科のコンゴクジャク、およびコクジャク属とクジャク属に含まれる鳥の総称。
青帯小孔雀　あおおびこくじゃく
孔雀鳩　いえばと
ハト目ハト科の鳥。
小孔雀　こくじゃく
灰色小孔雀　はいいろこくじゃく
真孔雀　まくじゃく

部首3画《宀部》

〔50〕家

16 **家鴨　あひる**
ガンカモ目ガンカモ科の鳥。
北京家鴨　ぺきんだっく
カモ目カモ科の鳥。

〔51〕容

11 **容鳥　かおどり**
春の鳥。季語として詠まれる鳥。顔鳥、貌鳥とも書く。カッコウ、アオバト、カワガラス、キジ、オシドリ等諸説ある。「源氏物語」の巻名異名ともなっている。〔季語〕春。

〔52〕密

11 **密教　みつおしえ**
キツツキ目ミツオシエ科の鳥。ミツオシエ科に属する鳥の総称。全長10〜20cm。〔分布〕アフリカ、アジアの常緑林と開けた疎林。

部首3画《寸部》

〔53〕尉

21 **尉鶲　じょうびたき**
スズメ目ヒタキ科ツグミ亜科の鳥。全長15cm。〔分布〕シベリア南東部、サハリン・中国北部・中央部。日本では冬鳥として渡来。〔季語〕秋。

部首3画《小部》

〔54〕小

2 小人鳥　こびとどり

ブッポウソウ目コビトドリ科の鳥。コビトドリ科に属する鳥の総称。全長11〜12cm。〔分布〕カリブ海の大きな島のみ。

燕尾小人鳥擬　えんびこびとどりもどき

スズメ目タイランチョウ科の鳥。全長10cm。

白筋小人鳥擬　しろすじこびとどりもどき

スズメ目タイランチョウ科の鳥。全長12cm。

喉黒小人鳥擬　のどぐろこびとどりもどき

スズメ目タイランチョウ科の鳥。

姫小人鳥擬　ひめこびとどりもどき

スズメ目タイランチョウ科の鳥。

広嘴小人鳥擬　ひろはしこびとどりもどき

スズメ目タイランチョウ科の鳥。

3 小山鶏　こさんけい

キジ目キジ科の鳥。全長58〜65cm。〔分布〕ベトナム中部。絶滅危惧種。

5 小白鳥　こはくちょう

カモ目カモ科の鳥。体長120〜150cm。〔分布〕北アメリカ、ロシア極北部で繁殖。冬は温帯域までの南で越冬。

6 小耳木菟　こみみずく

フクロウ目フクロウ科の鳥。体長37〜39cm。〔分布〕北ヨーロッパ、北アジア、北・南アメリカ。北方の種は東、西、南方へ渡りを行い、なかには繁殖地域の南にまで下るものもいる。

小耳梟　こみみずく

フクロウ目フクロウ科の鳥。体長37〜39cm。

7 小寿鶏　こじゅけい

キジ目キジ科の鳥。別名ノウリンドリ。全長27cm。〔分布〕中国南部・台湾。〔季語〕春。

小足海燕　ひめうみつばめ

ミズナギドリ目ウミツバメ科の鳥。体長15cm。〔分布〕大西洋北東部や地中海西部にある島で繁殖し、冬は海洋へと分散する。

8 小波鸚哥　ちゃびたいいんこ

オウム目インコ科の鳥。全長18〜19cm。〔分布〕コロンビア。

10 小啄木鳥　こげら

キツツキ目キツツキ科の鳥。全長15cm。〔分布〕中国東北地区から朝鮮半島・ウスリー・カムチャツカ半島・サハリン、日本。日本では全国に9亜種が分布。

11 小授鶏　こじゅけい

キジ目キジ科の鳥。別名ノウリン

ドリ。全長27cm。〔分布〕中国南部・台湾。〔季語〕春。

小雀　こがら

スズメ目シジュウカラ科の鳥。全長12.5cm。〔分布〕ユーラシア。日本では九州から北海道の落葉広葉樹林、亜高山帯針葉樹林で繁殖し、低山で越冬。〔季語〕夏。

眉白小雀　まみじろこがら

12
小喉白虫食
このどじろむしくい

スズメ目ヒタキ科ウグイス亜科の鳥。別名ハッコウチョウ。全長13cm。

14
小綬鶏　こじゅけい

キジ目キジ科の鳥。別名ノウリンドリ。全長27cm。〔分布〕中国南部・台湾。〔季語〕春。

小緑鳩　こあおばと

ハト目ハト科の鳥。全長26cm。〔分布〕インドシナ、スマトラ島、ジャワ島、フィリピン。

18
小鵠　こはくちょう

カモ目カモ科の鳥。体長120～150cm。〔分布〕北アメリカ、ロシア極北部で繁殖。冬は温帯域までの南で越冬。

部首3画《尸部》

〔55〕尾

5
尾立鳥　おたてどり

スズメ目オタテドリ科の鳥。オタテドリ科に属する鳥の総称。体長11～25cm。〔分布〕中央、南アメリカ。

11
尾黒木攀
おぐろきのぼり

スズメ目キノボリ科の鳥。全長17cm。〔分布〕オーストラリア北西部。

部首3画《山部》

〔56〕山

10
山原水鶏
やんばるくいな

ツル目クイナ科の鳥。全長30cm。〔分布〕日本では沖縄島北部。絶滅危惧種, 天然記念物。

山原秧鶏
やんばるくいな

ツル目クイナ科の鳥。全長30cm。〔分布〕日本では沖縄島北部。絶滅危惧種, 天然記念物。

山啄木鳥　やまげら

キツツキ目キツツキ科の鳥。全長30cm。〔分布〕日本では北海道の森林に生息。

山家五位
さんかのごい

コウノトリ目サギ科の鳥。全長68.5cm。〔分布〕ユーラシア大陸中部・アフリカ南部。日本では北海道、本州の一部。

11 **山雀 やまがら**

スズメ目シジュウカラ科の鳥。全長14cm。〔分布〕朝鮮半島、日本、台湾。日本では全国の平地から低山の広葉樹林。〔季語〕夏。

山魚狗 やませみ

ブッポウソウ目カワセミ科の鳥。全長38cm。〔分布〕カシミール、アッサム、ビルマ、インドシナ半島、中国南部、朝鮮半島、日本。日本では九州以北の渓流、湖沼。〔季語〕夏。

山鳥 やまどり

キジ目キジ科の鳥オス125cm, メス55cm。〔分布〕日本では本州から九州。〔季語〕春。

唐山鳥 からやまどり

12 **山椒喰 さんしょうくい**

スズメ目サンショウクイ科の鳥。広義には、スズメ目サンショウクイ科に属する鳥の総称。体長14〜40cm。〔分布〕アフリカのサハラ以南、マダガスカル、インド、東南アジア、フィリピン、ボルネオ、スラウェシ、ニューギニア、オーストラリア、ポリネシアおよびインド洋上のいくつかの島、中国南・東部、日本、旧ソ連南東部。〔季語〕春。

鬼鳴山椒喰 おになきさんしょうくい

金顔山椒喰 きんがおさんしょうくい

黒山椒喰 くろさんしょうくい

小嘴紅山椒喰 こばしべにさんしょうくい

蟬山椒喰 せみさんしょうくい

羽白鳴山椒喰 はじろなきさんしょうくい

緋色山椒喰 ひいろさんしょうくい

紅山椒喰 べにさんしょうくい

頬垂山椒喰 ほおだれさんしょうくい

斑鳴山椒喰 まだらなきさんしょうくい

眉白鳴山椒喰 まみじろなきさんしょうくい

鵙山椒喰 もずさんしょうくい

13 **山雉 やまどり**

キジ目キジ科の鳥。全長オス125cm, メス55cm。〔分布〕日本では本州から九州。〔季語〕春。

14 **山翡翠 やましょうびん**

ブッポウソウ目カワセミ科の鳥。全長28cm。〔季語〕夏。

山翡翠 やませみ

ブッポウソウ目カワセミ科の鳥。全長38cm。〔分布〕カシミール、アッサム、ビルマ、インドシナ半島、中国南部、朝鮮半島、日本。日本では九州以北の渓流、湖沼。〔季語〕夏。

姫山翡翠 ひめやませみ

19 **山鵲 さんじゃく**

スズメ目カラス科の鳥。体長70cm。〔分布〕ヒマラヤ山脈周辺から東の中国、南はミャンマー、タイにかけての、標高2100メートルくらいまでの山地の森林。

冠山鵲　かんむりさんじゃく

黄嘴山鵲　きばしさんじゃく

瑠璃山鵲　るりさんじゃく

〔57〕岩

22 岩鷚　いわひばり

スズメ目イワヒバリ科の鳥。別名イワスズメ、ダケヒバリ。体長18cm。〔分布〕イベリア半島および北西アフリカから東へ南アジア、東アジア。日本では本州中部、北部の岩石地帯で繁殖。〔季語〕夏。

23 岩鶺鴒　いわさざい

スズメ目イワサザイ亜目イワサザイ科の鳥。

緑岩鶺鴒　みどりいわさざい

〔58〕島

7 島赤腹　あかこっこ

スズメ目ヒタキ科ツグミ亜科の鳥。全長23cm。〔分布〕日本では伊豆諸島。

16 島鴨　しまあじ

ガンカモ目ガンカモ科の鳥。全長38cm。〔分布〕ヨーロッパ、アジア中部。日本では愛知県と北海道。

部首3画《巛部》

〔59〕川

18 川蟬　かわせみ

ブッポウソウ目カワセミ科の鳥。体長16cm。〔分布〕ヨーロッパ、アフリカ北西部、アジア、インドネシアからソロモン諸島で繁殖。これら分布域の南部で越冬。日本では全国各地の河川、湖沼。〔季語〕夏。

部首3画《工部》

〔60〕巨

15 巨嘴鳥　おおはし

キツツキ目オオハシ科の鳥。オオハシ科に属する鳥の総称。全長33～66cm。〔分布〕メキシコ南部からボリビアとアルゼンチン北部までの、アンティル諸島を除く熱帯アメリカ。

〔61〕差

6 差羽　さしば

ワシタカ目ワシタカ科の鳥。全長50cm。〔分布〕日本、ウスリー地方、中国北東部。

部首3画《巾部》

〔62〕常

21 常鶲　じょうびたき

スズメ目ヒタキ科ツグミ亜科の鳥。全長15cm。〔分布〕シベリア南東部、サハリン・中国北部・中央部。日本では冬鳥として渡来。〔季語〕秋。

黒常鶲　くろじょうびたき

白額常鶲　しろびたいじょうびたき

部首3画《广部》

〔63〕広

15 **広嘴 ひろはし**

スズメ目ヒロハシ科の鳥。ヒロハシ科に属する鳥の総称。体長13〜28cm。〔分布〕中国ヒマラヤ地方から東南アジア、サハラ以南のアフリカ。

青胸緑広嘴 あおむねみどりひろはし

赤広嘴 あかひろはし

小豆広嘴 あずきひろはし

尾長広嘴 おながひろはし

銀胸広嘴 ぎんむねひろはし

広嘴小人鳥擬 ひろはしこびとどりもどき

広嘴鷺 ひろはしさぎ

コウノトリ目サギ科の鳥。体長45〜50cm。

広嘴舞子鳥 ひろはしまいこどり

緑広嘴 みどりひろはし

胸赤広嘴 むねあかひろはし

紋付広嘴 もんつきひろはし

部首4画《心部》

〔64〕怪

16 **怪鴟 よたか**

ヨタカ目ヨタカ科の鳥。広義には、ヨタカ目ヨタカ科に属する鳥の総称。体長19〜29cm。〔分布〕ニュージーランド、南アメリカ南部と大部分の海洋島を除く熱帯、温帯に広く分布。〔季語〕夏。

〔65〕慈

12 **慈悲心 じゅういち**

ホトトギス目ホトトギス科の鳥。全長28cm。〔分布〕インド北部から中国東北部、ウスリー、南は大スンダ列島。日本では北海道・本州・四国。〔季語〕夏。

大慈悲心 おおじゅういち

慈悲心鳥 じゅういち, じひしんちょう

ホトトギス目ホトトギス科の鳥。全長28cm。〔分布〕インド北部から中国東北部、ウスリー、南は大スンダ列島。日本では北海道・本州・四国。〔季語〕夏。

〔66〕懸

11 **懸巣 かけす**

スズメ目カラス科の鳥。別名カシドリ。体長33cm。〔分布〕西ヨーロッパからアジアを横断して日本および東南アジアまで。日本では屋久島以北の森林に5亜種が分布。〔季語〕秋。

青懸巣 あおかけす

瑠璃懸巣 るりかけす

部首4画《戈部》

〔67〕戴

12 **戴勝 やつがしら**

サイチョウ目ヤツガシラ亜目ヤツ

ガシラ科の鳥。体長28cm。〔分布〕ヨーロッパ、アジア、アフリカ、マダガスカル。北方の個体は熱帯で越冬。

緑森戴勝　みどりもりやつがしら

部首4画《戸部》

〔68〕房

[18]房襟小鴈
ふさえりしょうのがん

ツル目ノガン科の鳥。別名フサエリノガン。体長55〜65cm。〔分布〕カナリア諸島、アフリカ北部、中近東、アジア南西部・中部で繁殖。アジアで繁殖するものはアラビア半島、パキスタン、イラン、インド北西部で越冬。

〔69〕扇

[21]扇鶲　おうぎひたき

スズメ目ヒタキ科ヒタキ亜科オウギヒタキ属の鳥。広義には、スズメ目ヒタキ科ヒタキ亜科オウギヒタキ属に含まれる鳥の総称。体長12〜30cm。〔分布〕インド、中国南部、東南アジア、ニューギニア、オーストラリア、ニュージーランド、太平洋諸島。

部首4画《手部》

〔70〕掛

[3]掛子　かけす

スズメ目カラス科の鳥。別名カシドリ。体長33cm。〔分布〕西ヨーロッパからアジアを横断して日本および東南アジアまで。日本では屋久島以北の森林に5亜種が分布。〔季語〕秋。

部首4画《文部》

〔71〕斑

[7]斑沢鵟
まだらちゅうひ

タカ目タカ科の鳥。体長46〜51cm。〔分布〕シベリア東部からモンゴル地方、朝鮮北部、ミャンマー北部。冬は南に渡る。

[9]斑冠郭公
まだらかんむりかっこう

カッコウ目カッコウ科の鳥。体長40cm。〔分布〕ヨーロッパ南西部から小アジア、アフリカで繁殖。北方のものは北アフリカやサハラ砂漠の南で、南方のものはアフリカ中部で越冬。

[13]斑鳩　いかる

スズメ目アトリ科の鳥。体長23cm。〔分布〕シベリア南西部、中国北部、および日本の北部で繁殖し、日本の南部、中国中部で越冬。〔季語〕夏。

赤足青斑鳩　あかあしあおふばと

ハト目ハト科の鳥。全長25cm。

斑鳩千鳥　いかるちどり

チドリ目チドリ科の鳥。全長20cm。〔季語〕冬。

小斑鳩　こいかる

部首4画《日部》

〔72〕日

11 **日雀　ひがら**

スズメ目シジュウカラ科の鳥。体長11.5cm。〔分布〕イギリスから日本に至るユーラシア大陸、アフリカ北部。日本では屋久島以北の混交林、針葉樹林で繁殖し、冬は低山に下りる。〔季語〕夏。

〔73〕時

11 **時鳥　ほととぎす**

ホトトギス目ホトトギス科の鳥。全長28cm。〔分布〕ヒマラヤからウスリー、マレー半島、ボルネオ島、大スンダ列島、マダガスカル島で繁殖。日本では九州以北の夏鳥。〔季語〕夏。

〔74〕晨

13 **晨鳧　しのりがも**

カモ目カモ科の鳥。体長34〜45cm。〔分布〕アイスランド、グリーンランド、ラブラドル、北アメリカ北西部、シベリア北東部、日本。日本では北海道と東北地方。

部首4画《月部》

〔75〕朝

19 **朝霧鳥　あさぎりちょう**

スズメ目カエデチョウ科の鳥。全長10cm。〔分布〕セネガルからナイジェリア、チャド南部。

部首4画《木部》

〔76〕木

7 **木走　きばしり**

スズメ目キバシリ科の鳥。体長12.5cm。〔分布〕西ヨーロッパから日本。日本では四国以北（九州ではごく少数）の亜高山針葉樹林などにすむ、冬は低山に下りる。

鬼木走　おにきばしり

木走擬　きばしりもどき

縞頭鬼木走　しまがしらおにきばしり

短趾木走　たんしきばしり

星木走　ほしきばしり

10 **木啄　きたたき**

キツツキ目キツツキ科の鳥。全長46cm。〔分布〕インド西部・中国西部・インドシナ・マレー半島・アンダマン諸島・スマトラ島・ボルネオ島・ジャワ島・フィリピン・朝鮮半島。

12 **木登　きのぼり**

スズメ目キノボリ科の鳥。キノボ

リ科に属する鳥の総称。
茶腹木登　ちゃばらきのぼり

木菟　みみずく

フクロウ目の鳥。フクロウ目に属する鳥のうち、外耳のようにみえる冠羽（羽角）をもつ種をいい、とくにオオコノハズクをさすことが多い。〔季語〕冬。
青葉木菟　あおばずく
〔季語〕夏。
魚木菟　うおみみずく
木葉木菟　このはずく
〔季語〕夏。
小耳木菟　こみみずく
虎斑木菟　とらふずく
耳木菟　みみずく
鷲木菟　わしみみずく

木菟夜鷹　ずくよたか

ヨタカ目ズクヨタカ科の鳥。ズクヨタカ科に属する鳥の総称。体長20〜30cm。〔分布〕ニューギニアの熱帯多雨林、オーストラリアの平原。

木葉木菟　このはずく

フクロウ目フクロウ科の鳥。5〜6月に山中で鳴く。その鳴き声から「ブッポウソウ（仏法僧）」と思われていた。全長20cm。〔分布〕南ヨーロッパや北アフリカからシベリア南西部で繁殖。北方種と南方の一部の種は熱帯アフリカで越冬。〔季語〕夏。
大木葉木菟　おおこのはずく
フクロウ目フクロウ科オオコノハズク属の鳥。全長19〜25cm。〔分布〕インドから日本、ボルネオ・ジャワ島。日本では九州以北で繁殖。〔季語〕冬。
柿色木葉木菟　かきいろこのはずく
台湾木葉木菟　たいわんこのはずく

木葉梟　このはずく

フクロウ目フクロウ科の鳥。体長19〜20cm。〔季語〕夏。
大木葉梟　おおこのはずく
〔季語〕冬。

木葉鳥　このはどり

スズメ目コノハドリ科の鳥。コノハドリ科に属する鳥の総称。全長14〜27cm。〔分布〕パキスタンからインド、東南アジアをへてフィリピンまで。
青羽木葉鳥　あおばねこのはどり
黄額木葉鳥　きびたいこのはどり
姫木葉鳥　ひめこのはどり
瑠璃木葉鳥　るりこのはどり

22 木鶸　びんずい

スズメ目セキレイ科の鳥。別名キヒバリ。全長15.5cm。〔分布〕アジアの温帯、亜寒帯で繁殖し、インド、ボルネオ島など熱帯に渡って越冬。日本では四国以北の山地で繁殖し、冬は平地へ移動。〔季語〕夏。

〔77〕朱

24 朱鷺　とき

コウノトリ目トキ科の鳥。全長76cm。〔分布〕ウスリー地方、中国、朝鮮半島。絶滅危惧種,特別天然記念物。〔季語〕秋。
黒朱鷺　くろとき
猩々朱鷺　しょうじょうとき

白朱鷺　しろとき
朱鷺嘴計里　ときはしげり
チドリ目トキハシゲ科の鳥。体長38〜41cm。
頬赤朱鷺　ほおあかとき

朱鷺鸛　ときこう

コウノトリ目コウノトリ科の鳥。全長83〜90cm。〔分布〕北アメリカ南部・西インド諸島・中央アメリカ・南アメリカ。

〔78〕杜

6 杜宇　ほととぎす, とう

ホトトギス目ホトトギス科の鳥。全長28cm。〔分布〕ヒマラヤからウスリー、マレー半島、ボルネオ島、大スンダ列島、マダガスカル島で繁殖。日本では九州以北の夏鳥。〔季語〕夏。

15 杜魄　ほととぎす

ホトトギス目ホトトギス科の鳥。全長28cm。〔季語〕夏。

18 杜鵑　ほととぎす, とけん

ホトトギス目ホトトギス科の鳥。全長28cm。〔季語〕夏。

〔79〕柄

8 柄長　えなが

スズメ目エナガ科の鳥。広義には、スズメ目エナガ科に属する鳥の総称。体長11〜14cm。〔分布〕ヨーロッパからアジア、北アメリカ（中央アメリカの一部）。〔季語〕夏。
柄長竈鳥　えながかまどどり
冠柄長竈鳥　かんむりえながかまどどり
頭赤柄長　ずあかえなが
達磨柄長　だるまえなが

〔80〕桑

14 桑鳲　いかる

スズメ目アトリ科の鳥。体長23cm。〔分布〕シベリア南西部、中国北部、および日本の北部で繁殖し、日本の南部、中国中部で越冬。〔季語〕夏。
桑鳲千鳥　いかるちどり
チドリ目チドリ科の鳥。全長20cm。〔季語〕冬。
小桑鳲　こいかる

〔81〕桃

7 桃花鳥　とき, とうかちょう

コウノトリ目トキ科の鳥。全長76cm。〔分布〕ウスリー地方、中国、朝鮮半島。絶滅危惧種, 特別天然記念物。〔季語〕秋。

〔82〕梟

梟　ふくろう

フクロウ目フクロウ科の鳥。広義には、フクロウ目フクロウ科に属する鳥の総称。体長12〜71cm。〔分布〕南極を除いてほとんど全世界。〔季語〕冬。
青葉梟　あおばずく
〔季語〕夏。
穴掘梟　あなほりふくろう
蝦夷梟　えぞふくろう
大梟　おおふくろう

尾長梟　おながふくろう
樺太梟　からふとふくろう
金目梟　きんめふくろう
小金目梟　こきんめふくろう
小耳梟　こみみずく
仙人掌梟　さぼてんふくろう
島梟　しまふくろう
白梟　しろふくろう
雀梟　すずめふくろう
虎斑梟　とらふずく
姫梟　ひめふくろう
姫梟鸚哥　ひめふくろういんこ
インコ目インコ科の鳥。体長23cm。
梟鸚鵡　ふくろうおうむ
インコ目インコ科の鳥。別名カカポ。体長63cm。
南仮面梟　みなみめんふくろう
仮面梟　めんふくろう
面梟　めんふくろう
森梟　もりふくろう

〔83〕椋

11 椋鳥　むくどり

スズメ目ムクドリ科の鳥。広義には、スズメ目ムクドリ科に属する鳥の総称。体長16〜45cm。〔分布〕アフリカ、ヨーロッパから東南アジア、オセアニア（オーストラシアまで）。〔季語〕秋。

唐椋鳥　からむくどり
銀椋鳥　ぎんむくどり
小椋鳥　こむくどり
背赤頬垂椋鳥　せあかほおだれむくどり
嘴太頬垂椋鳥　はしぶとほおだれむくどり
頬垂椋鳥　ほおだれむくどり
星椋鳥　ほしむくどり

椋鳥擬　むくどりもどき

スズメ目ムクドリモドキ科の鳥。ムクドリモドキ科に属する鳥の総称。体長15〜53cm。〔分布〕南・北アメリカ。

赤黒椋鳥擬　あかくろむくどりもどき
赤腹椋鳥擬　あかはらむくどりもどき
大黒椋鳥擬　おおくろむくどりもどき
大椋鳥擬　おおむくどりもどき
尾長黒椋鳥擬　おながくろむくどりもどき
黄頭椋鳥擬　きがしらむくどりもどき
黄腹椋鳥擬　きばらむくどりもどき
黒椋鳥擬　くろむくどりもどき
沼椋鳥擬　ぬまむくどりもどき
房椋鳥擬　ふさむくどりもどき
南椋鳥擬　みなみむくどりもどき
胸黒椋鳥擬　むなぐろむくどりもどき

〔84〕楽

8 楽青鵯　たのしあおひよどり

スズメ目ヒヨドリ科の鳥。全長10cm。〔分布〕ザイール東部からスーダン・ケニア西部、ザイール南東部・タンザニア南西部・ザンビア北東部。

〔85〕機

18 **機織鳥　はたおりどり**

スズメ目ハタオリドリ科の鳥。ハタオリドリ科のうち、14属109種の総称。体長13〜26cm。〔分布〕おもにアフリカだが、一部はアラビア半島、インド、中国、インドネシア。

集団機織鳥　しゅうだんはたおりどり

〔86〕橿

11 **橿鳥　かけす**

スズメ目カラス科の鳥。別名カシドリ。体長33cm。〔分布〕西ヨーロッパからアジアを横断して日本および東南アジアまで。日本では屋久島以北の森林に5亜種が分布。〔季語〕秋。

青橿鳥　あおかけす
赤尾橿鳥　あかおかけす
冠橿鳥　かんむりかけす
黒橿鳥　くろかけす
頭黒灰色橿鳥　ずぐろはいいろかけす
茶色橿鳥　ちゃいろかけす
濡羽橿鳥　ぬればかけす
姫青橿鳥　ひめあおかけす
葡萄色橿鳥　ぶどういろかけす
松橿鳥　まつかけす
緑橿鳥　みどりかけす
瑠璃橿鳥　るりかけす

部首4画《水部》

〔87〕水

7 **水走　みずばしり**

スズメ目カマドドリ科の鳥。

13 **水雉　れんかく**

チドリ目レンカク科の鳥。体長31cm。〔分布〕インドから中国南部、東南アジア、インドネシア。北方の種は東南アジアで越冬。

19 **水鶏　くいな**

ツル目クイナ科の鳥。別名フユクイナ。体長28cm。〔分布〕ユーラシア、北アメリカ、中東で繁殖。一部の個体群は中東や東南アジアへ渡る。日本では東日本。〔季語〕夏。

大水鶏　おおくいな
縞水鶏　しまくいな
白腹水鶏　しろはらくいな
鶴水鶏　つるくいな
緋水鶏　ひくいな
姫水鶏　ひめくいな
眉白水鶏　まみじろくいな
山原水鶏　やんばるくいな

〔88〕沙

19 **沙鶏　さけい**

ハト目サケイ科の鳥。体長30〜41cm。〔分布〕ロシア南西部から中国およびモンゴル地方。

黒腹沙鶏　くろはらさけい
白腹沙鶏　しろはらさけい

〔89〕沢

18 沢鵟　ちゅうひ
タカ目タカ科の鳥。体長48〜58cm。〔分布〕西ヨーロッパから東はアジア一帯、マダガスカル、カリマンタン、オーストラリア。日本では北海道、本州。〔季語〕冬。

灰色沢鵟　はいいろちゅうひ

斑沢鵟　まだらちゅうひ

〔90〕沓

4 沓手鳥　ほととぎす, くつでとり
ホトトギス目ホトトギス科の鳥。全長28cm。〔分布〕ヒマラヤからウスリー、マレー半島、ボルネオ島、大スンダ列島、マダガスカル島で繁殖。日本では九州以北の夏鳥。〔季語〕夏。

〔91〕油

8 油夜鷹　あぶらよたか
ヨタカ目アブラヨタカ科の鳥。別名オオヨタカ。体長48cm。〔分布〕パナマから南アメリカ北部、トリニダード島。

〔92〕海

17 海鴿　けいまふり
チドリ目ウミスズメ科の鳥。全長38cm。〔分布〕カムチャツカ半島、サハリン、日本北部。日本ではオホーツク海と日本海北部に分布。

〔93〕洋

8 洋武鳥　ようむ
インコ目インコ科の鳥。体長33cm。〔分布〕アフリカ中部。シエラレオネから東はケニアおよびタンザニア北西部。

18 洋鵡　ようむ
インコ目インコ科の鳥。体長33cm。

〔94〕酒

9 酒面雁　さかつらがん
ガンカモ目ガンカモ科の鳥。全長81〜94cm。〔分布〕シベリア中部・南部、サハリン。〔季語〕秋。

〔95〕潜

4 潜水海燕　もぐりうみつばめ
ミズナギドリ目モグリウミツバメ科の海鳥。広義には、ミズナギドリ目モグリウミツバメ科に属する海鳥の総称。

9 潜海燕　もぐりうみつばめ
ミズナギドリ目モグリウミツバメ科の鳥。体長20〜25cm。〔分布〕繁殖は南半球の多くの島々、オーストラリア南岸、タスマニア、ニュージーランド。

部首4画《火部》

〔96〕灰

24 **灰鷹　はいたか**

タカ目タカ科の鳥。体長28〜38cm。〔分布〕ヨーロッパ、アフリカ北西部からベーリング海、ヒマラヤ。日本では北海道、本州中部以北。〔季語〕冬。

〔97〕烏

9 **烏秋　おうちゅう**

スズメ目オウチュウ科の鳥。全長28cm。〔分布〕イランからインド、インドシナ、海南島、中国、台湾、ジャワ島。

烏秋郭公　おうちゅうかっこう

ホトトギス目ホトトギス科の鳥。全長23cm。

角尾烏秋　かくびおうちゅう

飾烏秋　かざりおうちゅう

冠烏秋　かんむりおうちゅう

黒烏秋　くろおうちゅう

灰色烏秋　はいいろおうちゅう

嘴太烏秋　はしぶとおうちゅう

姫烏秋　ひめおうちゅう

姫飾烏秋　ひめかざりおうちゅう

10 **烏骨鶏　うこっけい**

キジ目キジ科の鳥。〔分布〕マレー半島、インドシナ、中国。

12 **烏帽子雀　えぼしがら**

スズメ目シジュウカラ科の鳥。体長17cm。〔分布〕テキサス州までの北アメリカ東部、最近ではオンタリオ州（カナダ）まで拡大。

〔98〕無

7 **無花果鸚哥　いちじくいんこ**

インコ目インコ科の鳥。体長15cm。〔分布〕ニューギニア、パプア諸島西部、オーストラリア北東部。

〔99〕照

14 **照緑鳩　てりあおばと**

ハト目ハト科の鳥。全長25cm。〔分布〕フィリピン。

〔100〕熊

10 **熊啄木鳥　くまげら**

キツツキ目キツツキ科の鳥。体長45cm。〔分布〕ユーラシア（中国南西部は除く）。日本では北海道、本州北部。

〔101〕熱

10 **熱帯鳥　ねったいちょう**

ペリカン目ネッタイチョウ科の鳥。ネッタイチョウ科に属する海鳥の総称。全長80〜110cm。〔分布〕熱帯、亜熱帯海域。

赤尾熱帯鳥　あかおねったいちょう

白尾熱帯鳥　しらおねったい

ちょう

〔102〕燕

燕　つばめ

スズメ目ツバメ科の鳥。広義には、スズメ目ツバメ科に属する鳥の総称で、またそのうちのツバメ属の総称。別名ツバクロ、ツバクラ、ツバクラメ、マンタラゲシ、ツバクロ、ツバクラ、ツバクラメ。全長11.5～21.5cm。〔分布〕ヨーロッパおよびアジア、アフリカ北部、北アメリカで繁殖。南半球で越冬。日本では種子島以北に多数が夏鳥として渡来して繁殖し、少数は越冬。〔季語〕春。

藍色燕　あいいろつばめ

脚長海燕　あしながうみつばめ

ミズナギドリ目ウミツバメ科の鳥。別名アシナガコシジロウミツバメ。体長15～19cm。

穴燕　あなつばめ

アマツバメ目アマツバメ科の鳥。

雨燕　あまつばめ

アマツバメ目アマツバメ科の鳥。別名カマツバメ。全長20cm。〔季語〕夏。

岩燕　いわつばめ

薄墨森燕　うすずみもりつばめ

海燕　うみつばめ

ミズナギドリ目ウミツバメ科の鳥。全長14～26cm。

燕尾小人鳥擬　えんびこびとどりもどき

帯無小洞燕　おびなししょうどうつばめ

顔黒森燕　かおぐろもりつばめ

角尾黒燕　かくびくろつばめ

冠雨燕　かんむりあまつばめ

アマツバメ目カンムリアマツバメ科の鳥。体長15cm。

狐燕　きつねつばめ

金色燕　きんいろつばめ

黒海燕　くろうみつばめ

ミズナギドリ目ウミツバメ科の鳥。全長25cm。

黒帯燕　くろおびつばめ

黒腰白海燕　くろこしじろうみつばめ

ミズナギドリ目ウミツバメ科の鳥。全長20cm。

小海燕　こうみつばめ

ミズナギドリ目ウミツバメ科の鳥。全長14cm。

腰赤燕　こしあかつばめ

腰白海燕　こしじろうみつばめ

ミズナギドリ目ウミツバメ科の鳥。体長19～22cm。

笹斑小洞燕　ささふしょうどうつばめ

三色燕　さんしょくつばめ

小洞燕　しょうどうつばめ

白腹紫燕　しろはらむらさきつばめ

背白燕　せじろつばめ

茶色燕　ちゃいろつばめ

燕大頭　つばめおおがしら

キツツキ目オオガシラ科の鳥。体長15cm。

燕太蘭鳥　つばめたいらんちょう

燕千鳥　つばめちどり

チドリ目ツバメチドリ科の鳥。全長25cm。

灰色海燕　はいいろうみつばめ

ミズナギドリ目ウミツバメ科の鳥。全長20cm。

灰色森燕　はいいろもりつばめ

針尾雨燕　はりおあまつばめ
アマツバメ目アマツバメ科の鳥。体長20cm。〔季語〕夏。

針尾燕　はりおつばめ

姫雨燕　ひめあまつばめ
アマツバメ目アマツバメ科の鳥。全長13cm。

姫黒海燕　ひめくろうみつばめ
ミズナギドリ目ウミツバメ科の鳥。全長19cm。

頬黒森燕　ほおぐろもりつばめ

眉白森燕　まみじろもりつばめ

緑燕　みどりつばめ

胸白黒燕　むねじろくろつばめ

紫燕　むらさきつばめ

潜海燕　もぐりうみつばめ
ミズナギドリ目モグリウミツバメ科の鳥。体長20〜25cm。

腿白小燕　ももじろこつばめ

森燕　もりつばめ

7 燕尾小人鳥擬　えんびこびとどりもどき
スズメ目タイランチョウ科の鳥。全長10cm。〔分布〕ブラジル南東部。

部首4画《爪部》

〔103〕爪

6 爪羽鶏　つめばけい
ツメバケイ目ツメバケイ科の鳥。別名ホアジン。体長60cm。〔分布〕アマゾンおよびオリノコ川流域、ギアナ地方の諸川、ガイアナおよびブラジルからエクアドル、ボリビア。

部首4画《片部》

〔104〕片

13 片福面鸚哥　おかめいんこ
インコ目インコ科の鳥。体長32cm。〔分布〕オーストラリアの奥地一帯。

部首4画《犬部》

〔105〕狗

23 狗鷲　いぬわし
タカ目タカ科の鳥。体長76〜99cm。〔分布〕ヨーロッパ、北アジア、北アメリカ、北アフリカおよび中近東の一部。日本では本州。

〔106〕猩

12 猩猩鷺　あまさぎ
コウノトリ目サギ科の鳥。別名

ショウジョウサギ。体長48〜53cm。〔分布〕ユーラシア南部、アフリカ、オーストララシア、合衆国南部、南アメリカ北部。日本では本州以南。

〔107〕猿

3 **猿子　ましこ**

スズメ目アトリ科の鳥。アトリ科に属する鳥のうち、マシコ属(Carpodacus)など30数種の総称。〔季語〕秋。

赤猿子　あかましこ
赤眉猿子　あかまゆましこ
大猿子　おおましこ
小笠原猿子　おがさわらましこ
銀山猿子　ぎんざんましこ
朱色猿子　しゅいろましこ
萩猿子　はぎましこ
紅猿子　べにましこ

〔108〕獦

3 **獦子鳥　あとり**

スズメ目アトリ科の鳥。全長16cm。〔分布〕スカンジナビア半島からカムチャッカ半島。〔季語〕秋。

部首5画《玄部》

〔109〕玄

11 **玄鳥　つばめ**

スズメ目ツバメ科の鳥。別名ツバクロ、ツバクラ、ツバクラメ、マンタラゲシ、ツバクロ、ツバクラ、ツバクラメ。体長18cm。〔分布〕ヨーロッパおよびアジア、アフリカ北部、北アメリカで繁殖。南半球で越冬。日本では種子島以北に多数が夏鳥として渡来して繁殖し、少数は越冬。〔季語〕春。

部首5画《玉部》

〔110〕玉

23 **玉鷸　たましぎ**

チドリ目タマシギ科の鳥。体長17〜23cm。〔分布〕アフリカ、アジア、オーストラリア。日本では本州以南で繁殖、越冬。〔季語〕秋。

〔111〕珠

19 **珠鶏　ほろほろちょう**

キジ目キジ科の鳥。体長53〜58cm。〔分布〕チャド東部からエチオピア、東は大地溝帯、南はザイール北部の国境地帯、ケニア北部、ウガンダ。

冠珠鶏　かんむりほろほろちょう
黒珠鶏　くろほろほろちょう
総珠鶏　ふさほろほろちょう
胸白珠鶏　むなじろほろほろちょう

〔112〕瑠

15 **瑠璃　るり**

スズメ目ヒタキ科の鳥。ヒタキ科に属するオオルリ、またはコルリの略称。〔季語〕夏。

大瑠璃　おおるり
小瑠璃　こるり

針尾瑠璃舞子鳥　はりおるりまいこどり

瑠璃腰鸚哥　るりこしいんこ
オウム目インコ科の鳥。

瑠璃木葉鳥　るりこのはどり

瑠璃金剛鸚哥　るりこんごういんこ
インコ目インコ科の鳥。体長86cm。

瑠璃鶫　るりつぐみ

瑠璃鳳凰　るりほうおう

瑠璃八色鳥 るりやいろちょう
スズメ目ヤイロチョウ科の鳥。別名ウロコヤイロ。

瑠璃山鵲 るりさんじゃく
スズメ目カラス科の鳥。

瑠璃五十雀 るりごじゅうから
スズメ目ゴジュウカラ科の鳥。

瑠璃木葉鳥 るりこのはどり
スズメ目ルリコノハドリ科の鳥。体長27cm。〔分布〕インド西部、ネパールから東南アジア、フィリピン。

瑠璃羽鸚哥 るりはいんこ
オウム目インコ科の鳥。別名スズメインコ。〔分布〕南アメリカ北東部、トリニダード島、南アメリカ北西部のペリハ山脈。

瑠璃野路子 るりのじこ
スズメ目ホオジロ科の鳥。体長14cm。〔分布〕カナダ南東部や合衆国東部で繁殖し、合衆国北東部からカリブ海の島々、中央アメリカあたりで越冬。

瑠璃雀 るりがら
スズメ目シジュウカラ科の鳥。全長13cm。

瑠璃頭青輝鳥 るりがしらせいきちょう
スズメ目カエデチョウ科の鳥。体長13cm。〔分布〕ソマリアからケニアおよびタンザニア。

瑠璃鵟 るりかけす
スズメ目カラス科の鳥。全長38cm。〔分布〕日本では奄美大島。絶滅危惧種，天然記念物。

瑠璃鶲 るりびたき
スズメ目ヒタキ科ツグミ亜科の鳥。全長14.5cm。〔分布〕ユーラシアの亜寒帯、ヒマラヤなどで繁殖し、インド西部、インドシナ、中国南部へ渡って越冬。日本では四国、本州中部以北の亜高山帯の針葉樹林で繁殖し、低山に下って越冬。〔季語〕夏。

部首5画《田部》

〔113〕田

9 **田計里　たげり**

チドリ目チドリ科の鳥。体長28～31cm。〔分布〕ユーラシア大陸の温帯域で繁殖。冬にはたいてい地中海、インド、中国など南方に移動。日本では冬鳥だが、本州中部で繁殖することがある。〔季語〕冬。

12 **田雲雀　たひばり**

スズメ目セキレイ科の鳥。体長17cm。〔分布〕南ヨーロッパの山岳地帯からアジアを横断してバイカル湖。中央、東アジアの亜種は東南アジアや日本で越冬。〔季語〕秋。

鱗田雲雀　うろこたひばり
黄胸爪長田雲雀　きむねつめながたひばり
小眉白田雲雀　こまみじろたひばり
背白田雲雀　せじろたひばり
牧場田雲雀　まきばたひばり
眉白田雲雀　まみじろたひばり
無地田雲雀　むじたひばり
胸赤田雲雀　むねあかたひばり
藪田雲雀　やぶたひばり

13 **田鳧　たげり**

チドリ目チドリ科の鳥。体長28～31cm。〔分布〕ユーラシア大陸の温帯域で繁殖。冬にはたいてい地中海、インド、中国など南方に移動。日本では冬鳥だが、本州中部で繁殖することがある。〔季語〕冬。

〔114〕画

9 **画眉鳥　がびちょう**

スズメ目ヒタキ科チメドリ亜科ガビチョウ属の鳥。全長25cm。〔分布〕インド、東南アジア、中国。〔季語〕春。

画眉鳥　ほおじろ

スズメ目ホオジロ科の鳥。春の繁殖期の鳴き声が「一筆啓上仕候」に聞こえるとして親しまれた。全長16.5cm。〔分布〕シベリア南部からアムール川、中国東北地方、朝鮮半島、日本。〔季語〕春。

部首5画《疒部》

〔115〕瘤

18 **瘤鵠　こぶはくちょう**

カモ目カモ科の鳥。体長125～155cm。〔分布〕ユーラシア温帯域。北アメリカ、南アフリカ、オーストラリアの一部に移入。

部首5画《白部》

〔116〕白

6 **白色菜鶏　はくしょくつぁいや**

キジ目キジ科の鳥。ニワトリの一品種。〔分布〕台湾。

12 **白喉鳥**
はっこうちょう
スズメ目ヒタキ科ウグイス亜科の鳥。別名コノドジロムシクイ。全長13cm。

白筋小人鳥擬
えんびこびとどりもどき
スズメ目タイランチョウ科の鳥。全長10cm。〔分布〕ブラジル南東部。

白閑 はっかん
キジ目キジ科の鳥。体長オス90～127cm，メス55～68cm。〔分布〕中国南部、ミャンマー東部、インドシナ半島、海南島。

13 **白腹 しろはら**
スズメ目ヒタキ科ツグミ亜科の鳥。全長24cm。〔分布〕アムール川下流域、ウスリー地方。〔季語〕秋。

白腹鸚哥 しろはらいんこ
オウム目インコ科の鳥。全長23cm。

白腹大鶲擬 しろはらおおひたきもどき

白腹大夜鷹 しろはらおおよたか
ヨタカ目ヨタカ科の鳥。全長30cm。

白腹水鶏 しろはらくいな
ツル目クイナ科の鳥。全長33cm。

白腹小嘴太陽鳥 しろはらこばしたいようちょう

白腹沙鶏 しろはらさけい
ハト目サケイ科の鳥。体長28cm。

白腹茶色鵯 しろはらちゃいろひよどり

白腹中杓鷸 しろはらちゅうしゃくしぎ
チドリ目シギ科の鳥。全長41cm。

白腹盗賊鷗 しろはらとうぞくかもめ
チドリ目トウゾクカモメ科の鳥。体長50～58cm。

白腹花鳥 しろはらはなどり

白腹姫舎久鶏 しろはらひめしゃくけい
キジ目ホウカンチョウ科の鳥。全長63cm。

白腹頬白 しろはらほおじろ

白腹眉白鳩 しろはらまみじろばと
ハト目ハト科の鳥。全長23cm。

白腹鷦鷯 しろはらみそさざい

白腹紫燕 しろはらむらさきつばめ

白腹目白 しろはらめじろ

白腹水薙鳥
しろはらみずなぎどり
ミズナギドリ目ミズナギドリ科の鳥。全長30cm。〔分布〕日本近海からハワイ諸島。

青足白腹水薙鳥 あおあししろはらみずなぎどり

大白腹水薙鳥 おおしろはらみずなぎどり

変白腹水薙鳥 かわりしろはらみずなぎどり

羽黒白腹水薙鳥 はぐろしろはらみずなぎどり

姫白腹水薙鳥 ひめしろはらみずなぎどり

斑白腹水薙鳥 まだらしろは

らみずなぎどり

16 **白頭 しろがしら**

スズメ目ヒヨドリ科の鳥。全長18.5cm。〔分布〕四川省・長江下流域以南の中国南部、海南島、ベトナム北部、台湾。日本では沖縄本島以西の森林に1年中生息。

北白頭巾藪鵙　きたしろずきんやぶもず

白頭河烏　しろがしらかわがらす

白頭太蘭鳥　しろがしらたいらんちょう

白頭鼠鳥　しろがしらねずみどり

ネズミドリ目ネズミドリ科の鳥。全長30cm。

白頭巾鵯　しろずきんひよどり

白頭鷲　はくとうわし

タカ目タカ科の鳥。体長79〜94cm。

18 **白襟大波武 しろえりおおはむ**

アビ目アビ科の鳥。全長65cm。〔分布〕北極海周辺。

23 **白鷴 はっかん**

キジ目キジ科の鳥。体長オス90〜127cm, メス55〜68cm。〔分布〕中国南部、ミャンマー東部、インドシナ半島、海南島。

24 **白鷺 しらさぎ**

コウノトリ目サギ科の鳥。サギ科のうち全身が白色の鳥の総称。〔分布〕日本では徳島県。〔季語〕夏。

唐白鷺　からしらさぎ

〔117〕百

6 **百舌 もず**

スズメ目モズ科の鳥。別名モズタカ、タカモンズ、スズメタカ。全長20cm。〔分布〕中国東部、サハリン、日本などで繁殖し、中国南部に渡って越冬。日本では九州以北で繁殖し、暖地に移って越冬。〔季語〕秋。

赤百舌　あかもず

大唐百舌　おおからもず

大百舌　おおもず

背赤百舌　せあかもず

高砂百舌　たかさごもず

稚児百舌　ちごもず

百舌鶲　もずひたき

藪百舌　やぶもず

百舌鶲 もずひたき

スズメ目ヒタキ科の鳥。モズヒタキ亜科に属する鳥の総称。体長12〜28cm。〔分布〕オーストララシアおよび東洋区。

部首5画《目部》

〔118〕目

3 **目大千鳥 めだいちどり**

チドリ目チドリ科の鳥。全長19cm。〔季語〕冬。

11 **目黒 めぐろ**

スズメ目ミツスイ科の鳥。全長14cm。〔分布〕日本では小笠原諸島の母島、向島、妹島、姪島。絶滅危惧種，特別天然記念物。

青目黒蕃鵑擬　あおめくろばんけんもどき
ホトトギス目ホトトギス科の鳥。

目黒蠅取　めぐろはえとり

目黒鵯　めぐろひよどり

〔119〕眉

2 眉八色鳥　まみやいろちょう

スズメ目マミヤイロチョウ科の鳥。マミヤイロチョウ属に含まれる鳥の総称。体長10〜15cm。〔分布〕マダガスカル。

5 眉白　まみじろ

スズメ目ヒタキ科ツグミ亜科の鳥。全長23cm。〔分布〕アジア中北部からサハリン、日本で繁殖し、中国南部、インドシナに渡って越冬。日本では本州中部以北の平地から山地のよく茂った広葉樹林、針広混交林に夏鳥として渡来。〔季語〕夏。

小眉白田鷚　こまみじろたひばり

白腹眉白鳩　しろはらまみじろばと
ハト目ハト科の鳥。全長23cm。

南洋眉白鰺刺　なんようまみじろあじさし
チドリ目カモメ科の鳥。全長36cm。

眉白鰺刺　まみじろあじさし
チドリ目カモメ科の鳥。全長36cm。

眉白蟻鳥　まみじろありどり

眉白竈鳥　まみじろかまどどり

眉白黄鶲　まみじろきびたき

眉白水鶏　まみじろくいな
ツル目クイナ科の鳥。全長18cm。

眉白小雀　まみじろこがら

眉白小太蘭鳥　まみじろこたいらんちょう

眉白田鷚　まみじろたひばり

眉白鳴山椒喰　まみじろなきさんしょうくい

眉白野鶲　まみじろのびたき

眉白鵯　まみじろひよどり

眉白森燕　まみじろもりつばめ

10 眉胸白鳩　まみむなじろばと

ハト目ハト科の鳥。全長28cm。〔分布〕ミクロネシア連邦のトラック諸島、ポンペイ島。

〔120〕真

7 真似師鶫　まねしつぐみ

スズメ目マネシツグミ科の鳥。体長23〜28cm。〔分布〕カナダ南部、合衆国、メキシコ、カリブ海に浮かぶ島々。バミューダ諸島とハワイ諸島には移入。

青真似師鶫　あおまねしつぐみ

茶色真似師鶫　ちゃいろまねしつぐみ

水辺真似師鶫　みずべまねしつぐみ

真似鶫　まねしつぐみ

スズメ目マネシツグミ科の鳥。広義には、マネシツグミ科の鳥の総称。体長23〜28cm。

〔121〕眼

3 **眼大千鳥　めだいちどり**
チドリ目チドリ科の鳥。全長19cm。〔季語〕冬。

5 **眼白　めじろ**
スズメ目メジロ科の鳥。広義には、スズメ目メジロ科に属する鳥の総称。体長10～14cm。〔分布〕アフリカ、アジア、ニューギニア、オーストラリア、オセアニア。〔季語〕夏。

11 **眼黒　めぐろ**
スズメ目ミツスイ科の鳥。全長14cm。〔分布〕日本では小笠原諸島の母島、向島、妹島、姪島。絶滅危惧種, 特別天然記念物。

部首5画《矢部》

〔122〕知

5 **知目鳥　ちめどり**
スズメ目ヒタキ科チメドリ亜科の鳥。広義には、スズメ目ヒタキ科チメドリ亜科に属する鳥の総称。体長10～35cm。〔分布〕アジア、アフリカ、オーストララシア、1種は北アメリカ西部。
唐知目鳥　からちめどり
禿知目鳥　はげちめどり

〔123〕矮

19 **矮鶏　ちゃぼ**
キジ目キジ科の鳥。〔分布〕インドシナ半島。
鶉矮鶏　うずらちゃぼ

部首5画《石部》

〔124〕砂

7 **砂走　すなばしり**
チドリ目ツバメチドリ科の鳥。体長21～24cm。〔分布〕アフリカ北・東部からパキスタン西部にかけての地域。北アフリカのものはサハラ砂漠のすぐ南で、中東のものはアラビアで、西南アジアのものはインド北西部でそれぞれ越冬。

〔125〕碧

19 **碧鵲　へきさん**
スズメ目カラス科の鳥。体長35cm。〔分布〕インド北部から中国南部、マレーシア、スマトラ島、カリマンタン島。

部首5画《禾部》

〔126〕秋

7 **秋沙　あいさ**
ガンカモ目ガンカモ科の鳥。ガンカモ科アイサ属に属する鳥の総称。〔分布〕日本では北海道。
海秋沙　うみあいさ

〔季語〕冬。
扇秋沙　おうぎあいさ
川秋沙　かわあいさ
高麗秋沙　こうらいあいさ
神子秋沙　みこあいさ

〔127〕秧

19 **秧鶏　くいな**

ツル目クイナ科の鳥。別名フユクイナ。体長28cm。〔分布〕ユーラシア、北アメリカ、中東で繁殖。一部の個体群は中東や東南アジアへ渡る。日本では東日本。〔季語〕夏。

赤足姫秧鶏　あかあしひめくいな
赤嘴秧鶏　あかはしくいな
赤目秧鶏　あかめくいな
鶉秧鶏　うずらくいな
大秧鶏　おおくいな
鬼秧鶏　おにくいな
顔黒秧鶏　かおぐろくいな
秧鶏擬　くいなもどき
小鬼秧鶏　こおにくいな
小紋秧鶏　こもんくいな
金剛秧鶏　こんごうくいな
縞秧鶏　しまくいな
白腹秧鶏　しろはらくいな
背星秧鶏　せぼしくいな
茶色森秧鶏　ちゃいろもりくいな
茶腹秧鶏　ちゃばらくいな
茶腹姫秧鶏　ちゃばらひめくいな
茶胸秧鶏　ちゃむねくいな
鶴秧鶏　つるくいな
喉白秧鶏　のどじろくいな
灰色秧鶏　はいいろくいな
鷭秧鶏　ばんくいな
緋秧鶏　ひくいな
姫秧鶏　ひめくいな
姫黒秧鶏　ひめくろくいな
斑秧鶏　まだらくいな
眉白秧鶏　まみじろくいな
豆黒秧鶏　まめくろくいな
無地鬼秧鶏　むじおにくいな
胸帯秧鶏　むなおびくいな
胸赤秧鶏　むねあかくいな
山原秧鶏　やんばるくいな

〔128〕稚

7 **稚児百舌　ちごもず**

スズメ目モズ科の鳥。別名モズタカ、タカモズ、トラモズ。全長18.5cm。〔分布〕ウスリー地方・朝鮮半島・中国北東部・日本。日本では本州中部、東北地方に夏鳥として渡来。〔季語〕秋。

稚児鵙　ちごもず

スズメ目モズ科の鳥。別名モズタカ、タカモズ、トラモズ。全長18.5cm。〔季語〕秋。

部首6画《竹部》

〔129〕筒

11 **筒鳥　つつどり**

ホトトギス目ホトトギス科の鳥。全長33cm。〔分布〕シベリア、中国、朝鮮、日本、ヒマラヤ。日本では四国以北の落葉樹林の夏鳥。〔季語〕夏。

〔130〕管

14 **管鼻鷗　ふるまかもめ**
ミズナギドリ目ミズナギドリ科の鳥。体長45〜50cm。〔分布〕北太平洋、北大西洋。

部首6画《糸部》

〔131〕紅

9 **紅冠鳥　こうかんちょう**
スズメ目ホオジロ科の鳥。体長19cm。〔分布〕ボリビア東部、パラグアイ、ウルグアイ、ブラジル南部、アルゼンチン北部。ハワイには移入。

18 **紅額雀　べにびたいがら**
スズメ目ツリスガラ科の鳥。

〔132〕絹

6 **絹羽鳥　きぬばねどり**
キヌバネドリ目キヌバネドリ科の鳥。キヌバネドリ科に属する鳥の総称。体長23〜38cm。〔分布〕アフリカの南半部、インド、マレーシア、フィリピンなどの東南アジア、アメリカ合衆国アリゾナ、テキサス南部から中央・南アメリカ、西インド諸島。
美緑絹羽鳥　うつくしみどりきぬばねどり
飾絹羽鳥　かざりきぬばねどり
首輪緑絹羽鳥　くびわきぬばねどり
頭赤絹羽鳥　ずあかきぬばねどり
灰胸絹羽鳥　はいむねきぬばねどり
羽黒絹羽鳥　はぐろきぬばねどり
姫絹羽鳥　ひめきぬばねどり
緑絹羽鳥　みどりきぬばねどり
耳絹羽鳥　みみきぬばねどり
山絹羽鳥　やまきぬばねどり

〔133〕綬

19 **綬鶏　じゅけい**
キジ目キジ科の鳥。別名ツノキジ。全長オス61cm，メス51cm。〔分布〕中国南東部。

〔134〕総

10 **総珠鶏　ふさほろほろちょう**
キジ目ホロホロチョウ科の鳥。体長50cm。〔分布〕サハラ以南のアフリカ。

〔135〕緑

10 **緑啄木鳥　あおげら**
キツツキ目キツツキ科の鳥。全長29cm。〔分布〕日本では本州・四国・九州・佐渡島・粟島・飛島・種子島・屋久島。

12 **緑葉木菟　あおばずく**
フクロウ目フクロウ科の鳥。全長20〜29cm。〔分布〕インド、東南アジア、東アジア、旧ソ連。〔季語〕夏。

緑葉梟　あおばずく

フクロウ目フクロウ科の鳥。全長20〜29cm。〔分布〕インド、東南アジア、東アジア、旧ソ連。〔季語〕夏。

13 **緑鳩　あおばと**

ハト目ハト科の鳥。全長33cm。〔分布〕台湾、中国南部。日本では九州以北で繁殖。

〔136〕縞

8 **縞味　しまあじ**

ガンカモ目ガンカモ科の鳥。全長38cm。〔分布〕ヨーロッパ、アジア中部。日本では愛知県と北海道。

赤縞味　あかしまあじ

三日月縞味　みかづきしまあじ

〔137〕繍

11 **繍眼児**
しゅうがんじ，めじろ

スズメ目メジロ科の鳥。体長11cm。〔分布〕中国、インドシナ、日本。日本では南西諸島から北海道までの平地、低山の森林。〔季語〕夏。

部首6画《羊部》

〔138〕羌

23 **羌鷲　おおわし**

ワシタカ目ワシタカ科の鳥。全長オス88cm, メス102cm。〔分布〕繁殖地はロシアのプリモルスキー、カムチャツカ、サハリン、千島列島などオホーツク海沿岸。越冬地は日本、朝鮮半島。日本ではオホーツク海沿岸。

〔139〕美

7 **美尾長太陽鳥**
うつくしおながたいようちょう

スズメ目タイヨウチョウ科の鳥。全長オス15cm, メス9cm。〔分布〕セネガルからエチオピア、西アフリカ・東アフリカ。

14 **美緑絹羽鳥**
うつくしみどりきぬばねどり

キヌバネドリ目キヌバネドリ科の鳥。全長25cm。〔分布〕アメリカからメキシコ。

部首6画《羽部》

〔140〕翡

14 **翡翠　かわせみ，ひすい**

ブッポウソウ目カワセミ科の鳥。広義には、ブッポウソウ目カワセミ科に属する鳥の総称。全長10〜45cm（尾の長い飾り羽は除く）。〔分布〕極圏を除くあらゆる土地。〔季語〕夏。

青翡翠　あおしょうびん

赤翡翠　あかしょうびん

鸛嘴翡翠　こうはししょうびん

南洋翡翠　なんようしょうびん
姫山翡翠　ひめやませみ
宮古翡翠　みやこしょうびん
山翡翠　やませみ，やましょうびん
笑翡翠　わらいかわせみ

部首6画《耳部》

〔141〕耳

4 **耳木菟　みみずく**
フクロウ目の鳥。フクロウ目に属する鳥のうち、外耳のようにみえる冠羽（羽角）をもつ種をいい、とくにオオコノハズクをさすことが多い。〔季語〕冬。
小耳木菟　こみみずく

部首6画《肉部》

〔142〕胡

11 **胡麻斑刺尾鳥　ごまふとげおどり**
スズメ目カマドドリ科の鳥。別名ゴマフカマドドリ。全長13cm。〔分布〕ブラジル。

〔143〕背

10 **背高鷸　せいたかしぎ**
チドリ目セイタカシギ科の鳥。体長35～40cm。〔分布〕熱帯、亜熱帯、温帯に広く分布。日本では千葉県、愛知県などで繁殖、越冬。
反嘴背高鷸　そりはしせいたかしぎ

〔144〕胸

5 **胸白鷦鷯　いわみそさざい**
スズメ目ミソサザイ科の鳥。体長15cm。〔分布〕カナダ西部および合衆国北西部からコスタリカの地域で繁殖。繁殖地域の北部で越冬。

〔145〕脂

8 **脂怪鷹　あぶらよたか**
ヨタカ目アブラヨタカ科の鳥。別名オオヨタカ。体長48cm。〔分布〕パナマから南アメリカ北部、トリニダード島。

〔146〕脇

5 **脇白鷭　わきじろばん**
ツル目クイナ科の鳥。

〔147〕腰

5 **腰白鸐雉　こしじろやまどり**
キジ目キジ科の鳥。

〔148〕臘

3 **臘子鳥　あとり**
スズメ目アトリ科の鳥。全長16cm。〔分布〕スカンジナビア半島からカムチャッカ半島。〔季語〕秋。

部首6画《自部》

〔149〕 臭

16 **臭鴨　においがも**

カモ目カモ科の鳥。体長オス61〜73cm，メス47〜60cm。〔分布〕オーストラリア南部、タスマニア。

部首6画《舌部》

〔150〕 舎

3 **舎久鶏　しゃくけい**

キジ目ホウカンチョウ科の鳥。ホウカンチョウ科のうち、ヒメシャクケイ属（Ortalis）、シャクケイ属（Penelope）、ナキシャクケイ属（Aburria）、カマバネシャクケイ属（Chamaepetes）、クロヒメシャクケイ属（Penelopina）、ツノシャクケイ属（Oreophasis）に含まれる鳥の総称。全長52〜96cm。〔分布〕北アメリカの南端部、中央アメリカ、南アメリカ。

顔黒鳴舎久鶏　かおぐろなきしゃくけい
冠舎久鶏　かんむりしゃくけい
黒舎久鶏　くろしゃくけい
黒姫舎久鶏　くろひめしゃくけい
腰赤舎久鶏　こしあかしゃくけい
白腹姫舎久鶏　しろはらひめしゃくけい
角舎久鶏　つのしゃくけい
羽白舎久鶏　はじろしゃくけい
本鳴舎久鶏　ほんなきしゃくけい
無地姫舎久鶏　むじひめしゃくけい

部首6画《艸部》

〔151〕 花

11 **花鳥　はなどり**

スズメ目ハナドリ科の鳥。ハナドリ科に属する鳥の総称。体長7〜19cm。〔分布〕南アジア、ニューギニア、オーストラリア。〔季語〕春。

青花鳥　あおはなどり
赤嘴花鳥　あかはしはなどり
大錦花鳥　おおきんかちょう
雀花鳥　からはなどり
冠花鳥　かんむりはなどり
黄胸花鳥　きむねはなどり
錦花鳥　きんかちょう
白腹花鳥　しろはらはなどり
背赤花鳥　せあかはなどり
桃花鳥　とき，とうかちょう

コウノトリ目トキ科の鳥。全長76cm。〔季語〕秋。

二色花鳥　にしょくはなどり
嘴太花鳥　はしぶとはなどり
星花鳥　ほしはなどり
胸斑花鳥　むなふはなどり
宿木花鳥　やどりぎはなどり

14 **花魁鳥　えとぴりか**

チドリ目ウミスズメ科の鳥。体長38cm。〔分布〕北太平洋に面した西海岸および東海岸で繁殖し、北太平洋の洋上で越冬。日本では北海道の東部。

19 **花鶏　あとり**
スズメ目アトリ科の鳥。全長16cm。〔分布〕スカンジナビア半島からカムチャッカ半島。〔季語〕秋。
頭青花鶏　ずあおあとり

〔152〕茅

15 **茅潜　かやくぐり**
スズメ目イワヒバリ科の鳥。全長14cm。〔分布〕日本では四国・本州・北海道・南千島。〔季語〕夏。
茅潜過　かやくぐり

〔153〕菊

18 **菊戴　きくいただき**
スズメ目ウグイス科の鳥。体長9cm。〔分布〕連続していないが、アゾレス諸島、北西ヨーロッパおよびスカンジナビア半島から東アジアまで。日本では本州中部以北の亜高山帯で繁殖し、冬は低地に下りる。〔季語〕春。

〔154〕菱

9 **菱食　ひしくい**
ガンカモ目ガンカモ科の鳥。全長83cm。〔季語〕秋。

12 **菱喰　ひしくい**
ガンカモ目ガンカモ科の鳥。全長83cm。〔季語〕秋。
大菱喰　おおひしくい

〔155〕葦

4 **葦五位　よしごい，あしごい**
コウノトリ目サギ科の鳥。全長36cm。〔分布〕東アジアからインド、フィリピン、スンダ列島、ミクロネシア。日本では九州以北。〔季語〕夏。
大葦五位　おおよしごい
琉球葦五位　りゅうきゅうよしごい

葦切　よしきり
スズメ目ヒタキ科の鳥。ウグイス亜科ヨシキリ属に含まれる鳥の総称。〔季語〕夏。
稲田葦切　いなだよしきり
大葦切　おおよしきり
小葦切　こよしきり
嘴太大葦切　はしぶとおおよしきり

16 **葦鴨　よしがも，あしがも**
ガンカモ目ガンカモ科の鳥。全長48cm。〔分布〕中央シベリア高原。日本では北海道。〔季語〕冬。
丘葦鴨　おかよしがも

〔156〕萱

8 **萱昇　かやのぼり**
スズメ目ヒヨドリ科の鳥。全長18cm。〔分布〕中国南部・台湾。

〔157〕葭

4 葭五位　よしごい

コウノトリ目サギ科ヨシゴイ属の鳥。広義には、コウノトリ目サギ科ヨシゴイ属に含まれる鳥の総称。全長27～58cm。〔分布〕世界中。〔季語〕夏。

大葭五位　おおよしごい

姫葭五位　ひめよしごい

琉球葭五位　りゅうきゅうよしごい

葭切　よしきり

スズメ目ヒタキ科の鳥。ウグイス亜科ヨシキリ属に含まれる鳥の総称。〔季語〕夏。

大葭切　おおよしきり

小葭切　こよしきり

16 葭鴨　よしがも

ガンカモ目ガンカモ科の鳥。全長48cm。〔分布〕中央シベリア高原。日本では北海道。〔季語〕冬。

丘葭鴨　おかよしがも

〔158〕蒼

12 蒼雁　あおがん

カモ目カモ科の鳥。体長53～55cm。〔分布〕シベリア極北部で繁殖。黒海、カスピ海、アラル海近辺で越冬。

24 蒼鷹　おおたか

タカ目タカ科の鳥。体長48～66cm。〔分布〕日本では本州以南。〔季語〕冬。

〔159〕蓮

7 蓮角　れんかく

チドリ目レンカク科の鳥。広義には、チドリ目レンカク科Jacanidaeの鳥の総称。体長31cm。〔分布〕インドから中国南部、東南アジア、インドネシア。北方の種は東南アジアで越冬。

〔160〕蒿

11 蒿雀　あおじ

スズメ目ホオジロ科の鳥。全長15cm。〔分布〕南シベリア、サハリン、中国北東部、朝鮮半島。日本では本州中部以北の高原の明るい林で繁殖し、本州中部以南の平地・低山で越冬。〔季語〕夏。

島蒿雀　しまあおじ

〔161〕蕃

9 蕃柘榴鸚哥　ばんじろういんこ

オウム目インコ科の鳥。

16 蕃鴨　のばりけん

カモ目カモ科の鳥。体長66～84cm。〔分布〕中央、南アメリカ。

蕃鴨　ばりけん

カモ目カモ科の鳥。ペルー原産のノバリケンCairina moschataを馴化した肉用の家禽。

18 蕃鵑　ばんけん

ホトトギス目ホトトギス科の鳥。全長42cm。

翡翠　42ページ

冠雀　7ページ

啄木鳥　9ページ

水鶏　28ページ

鴫　64ページ

告天子　8ページ

晨鳧　24ページ

木葉梟　25ページ

四十雀　10ページ

雲雀　57ページ

児鵙　6ページ

伯労　6ページ

岬部（薄，藪）虍部（虎）

青目黒蕃鵑擬　あおめくろばんけんもどき
赤顔蕃鵑擬　あかがおばんけんもどき
赤嘴蕃鵑擬　あかはしばんけんもどき
鱗蕃鵑擬　うろこばんけんもどき
大蕃鵑　おおばんけん
冠蕃鵑擬　かんむりばんけんもどき
栗色蕃鵑擬　くりいろばんけんもどき
縦斑蕃鵑擬　たてふばんけんもどき
茶胸蕃鵑擬　ちゃむねばんけんもどき

〔162〕薄

[11] **薄黒蟻鵙　うすぐろありもず**

スズメ目アリドリ科の鳥。全長15cm。〔分布〕南アメリカのアマゾン川流域。

[12] **薄斑太蘭鳥　うすぶちたいらんちょう**

スズメ目タイランチョウ科の鳥。全長20cm。〔分布〕コスタリカからパナマ西部。

〔163〕藪

[8] **藪雨　やぶさめ**

スズメ目ヒタキ科ウグイス亜科の鳥。全長10.5cm。〔分布〕中国東北地方、ウスリー、朝鮮半島、サハリン、日本で繁殖し、中国南部からマレー半島に渡って越冬。日本では屋久島以北に夏鳥として渡来。

[11] **藪雀　やぶがら**

スズメ目エナガ科の鳥。体長11cm。〔分布〕ブリティッシュ・コロンビア州（カナダ）からグアテマラに至る北アメリカ西部。

[17] **藪鮫　やぶさめ**

スズメ目ヒタキ科ウグイス亜科の鳥。全長10.5cm。〔分布〕中国東北地方、ウスリー、朝鮮半島、サハリン、日本で繁殖し、中国南部からマレー半島に渡って越冬。日本では屋久島以北に夏鳥として渡来。

[23] **藪鷦鷯　やぶさざい**

スズメ目イワサザイ科の鳥。

部首6画《虍部》

〔164〕虎

[12] **虎斑木菟　とらふずく**

フクロウ目フクロウ科の鳥。体長35〜37cm。〔分布〕ヨーロッパ、北アフリカの一部、北アジア、北アメリカで繁殖。最北端の種は南方へ渡り、アメリカや極東で繁殖地を越えるものもある。日本では本州中部地方以北の平地か低山の森林で繁殖。〔季語〕冬。

虎斑梟　とらふずく

フクロウ目フクロウ科の鳥。体長35〜37cm。〔季語〕冬。

20 虎鶫　とらつぐみ

スズメ目ヒタキ科ツグミ亜科。全長30cm。〔分布〕日本では奄美大島、加計呂麻島。〔季語〕夏。

部首6画《虫部》

〔165〕蚊

5 蚊母鳥　よたか，ぶんぽちょう

ヨタカ目ヨタカ科の鳥。全長29cm。〔分布〕アジアの熱帯から温帯に分布し、東部のものはボルネオ島、スマトラ島などに渡って越冬。日本では九州以北の夏鳥。〔季語〕夏。

〔166〕蛇

5 蛇目鳥　じゃのめどり

ツル目ジャノメドリ科の鳥。体長46cm。〔分布〕メキシコ南部からボリビアおよびブラジル中部。

〔167〕蛮

18 蛮鵑　ばんけん

ホトトギス目ホトトギス科の鳥。全長42cm。

〔168〕蜂

7 蜂角鷹　はちくま

タカ目タカ科の鳥。全長オス57cm, メス61cm。〔季語〕冬。

〔169〕蜀

11 蜀鳥　ほととぎす

ホトトギス目ホトトギス科の鳥。全長28cm。〔分布〕ヒマラヤからウスリー、マレー半島、ボルネオ島、大スンダ列島、マダガスカル島で繁殖。日本では九州以北の夏鳥。〔季語〕夏。

14 蜀魂　ほととぎす

ホトトギス目ホトトギス科の鳥。全長28cm。〔季語〕夏。

19 蜀鶏　とうまる

キジ目キジ科の鳥。別名鳴唐丸、蜀鶏。〔分布〕日本では新潟県。

〔170〕蜜

11 蜜教　みつおしえ

キツツキ目ミツオシエ科の鳥。ミツオシエ科に属する鳥の総称。全長10～20cm。〔分布〕アフリカ、アジアの常緑林と開けた疎林。

喉黒蜜教　のどぐろみつおしえ

〔171〕蝦

16 蝦蟇口夜鷹　がまぐちよたか

ヨタカ目ガマグチヨタカ科の鳥。ガマグチヨタカ科に属する鳥の総称。体長23～58cm。〔分布〕東南アジア、オーストラリア、インドネシア、スリランカ。

大蝦蟇口夜鷹　おおがまぐちよたか

小蝦蟇口夜鷹　こがまぐちよ

たか

〔172〕蝸

4 **蝸牛鳶　たにしとび**

タカ目タカ科の鳥。体長43cm。〔分布〕フロリダ、キューバ、メキシコ東部からアルゼンチン。

〔173〕蠟

15 **蠟嘴　しめ**

スズメ目アトリ科の鳥。体長18cm。〔分布〕ヨーロッパ、北アフリカ、アジア。日本では北海道、南千島の平地、低山の落葉広葉樹林で繁殖し、全国の平地の明るい林で越冬。〔季語〕秋。

蠟嘴雁　ろうばしがん

ガンカモ目ガンカモ科の鳥。体長75～91cm。

部首6画《襾部》

〔174〕西

8 **西牧場鳥**
にしまきばどり

スズメ目ムクドリモドキ科の鳥。体長24cm。〔分布〕カナダ南部からメキシコ中部にかけての、北アメリカ中部や西部で繁殖し、カナダ南西部からメキシコ中部で越冬。

部首7画《角部》

〔175〕角

16 **角鴟　みみずく**

フクロウ目の鳥。フクロウ目に属する鳥のうち、外耳のようにみえる冠羽（羽角）をもつ種をいい、とくにオオコノハズクをさすことが多い。〔季語〕冬。

24 **角鷹　くまたか**

ワシタカ目ワシタカ科の鳥。全長オス72cm, メス80cm。〔分布〕スリランカ・インド・ヒマラヤ・中国南東部・台湾。日本では北海道・本州・四国・九州。〔季語〕冬。

八角鷹　はちくま

部首7画《言部》

〔176〕計

7 **計里　けり**

チドリ目チドリ科の鳥。全長35cm。〔分布〕日本、中国北東部・モンゴル。〔季語〕夏。

田計里　たげり

〔季語〕冬。

爪羽計里　つめばげり

朱鷺嘴計里　ときはしげり

部首7画《豕部》

〔177〕 豚

4 **豚毛鵙 ぶたげもず**
スズメ目ブタゲモズ科の鳥。体長25cm。〔分布〕カリマンタン（ボルネオ）島。

部首7画《赤部》

〔178〕 赤

5 **赤目鷓鴣鳩**
あかめしゃこばと
ハト目ハト科の鳥。全長25cm。〔分布〕オーストラリア北部。

7 **赤尾刺尾鳥**
あかおとげおどり
スズメ目カマドドリ科の鳥。別名アカオカマドドリ。全長14cm。〔分布〕南アメリカ、パナマ。

赤尾橿鳥
あかおかけす
スズメ目カラス科の鳥。全長30cm。〔分布〕スカンジナビア半島からシベリア、沿海州、サハリン。

赤足三趾鷗
あかあしみつゆびかもめ
チドリ目カモメ科の鳥。全長35～40cm。〔分布〕アリューシャン列島、コマンドル諸島、プリビロフ諸島。

赤足岩鷓鴣
あかあしいわしゃこ
キジ目キジ科の鳥。別名ヨーロッパイワシャコ。全長34cm。〔分布〕ポルトガル、スペイン、フランス南部からイタリア北西部、コルシカ島。

赤足長元坊
あかあしちょうげんぼう
ワシタカ目ハヤブサ科の鳥。全長オス25cm, メス30cm。〔分布〕ヨーロッパ東部からシベリア西部。

赤足青斑鳩
あかあしあおふばと
ハト目ハト科の鳥。全長25cm。〔分布〕アフリカ中南部。

9 **赤冠鸚鵡**
あかさかおうむ
オウム目オウム科の鳥。全長34cm。〔分布〕オーストラリア南東部・タスマニア東北部。

赤眉宝石鳥
あかまゆほうせきどり
スズメ目ハナドリ科の鳥。全長9cm。〔分布〕オーストラリア西部、アーネムランド半島基部・ヨーク岬半島。

赤眉猿子
あかまゆましこ
スズメ目アトリ科の鳥。全長17cm。〔分布〕ヒマラヤ、パキスタン。

赤茶鷓鴣
あかちゃしゃこ
キジ目キジ科の鳥。別名マレーアカチャシャコ。全長28cm。〔分布〕タイ南部・マレーシア・スマトラ島・ボルネオ島。

赤面刺尾鳥
あかつらとげおどり
スズメ目カマドドリ科の鳥。別名アカガオトゲオドリ。全長13cm。〔分布〕コスタリカ、パナマ西部、コロンビア、エクアドル。

10
赤啄木鳥 あかげら
キツツキ目キツツキ科の鳥。体長22〜23cm。〔分布〕ユーラシア北部から中東およびアフリカ北部。日本では北海道と本州。

赤帯中嘴
あかおびちゅうはし
キツツキ目オオハシ科の鳥。全長46cm。〔分布〕ベネズエラ、スリナム、ギアナ、ブラジル。

11
赤黒椋鳥擬
あかくろむくどりもどき
スズメ目ムクドリモドキ科の鳥。全長15〜18cm。〔分布〕カナダ南東部・アメリカ東部・中部からメキシコ。

13
赤猿子 あかましこ
スズメ目アトリ科の鳥。全長14cm。〔分布〕ヨーロッパ東部からカフカス、イラン、インド、ヒマラヤ、シベリア東部。〔季語〕秋。

14
赤翡翠
あかしょうびん
ブッポウソウ目カワセミ科の鳥。別名アメフリドリ、ミズコイドリ、ミズコイ、アメコイドリ、ナンバンチョウ、ナンバンドリ、トウガラシショウビン、アカカワセミ。全長27cm。〔分布〕中国東部・台湾・アンダマン諸島・フィリピン・スンダ列島・スラウェシ島・インドシナ・ネパール・アッサム・日本。〔季語〕夏。

15
赤嘴牛突
あかはしうしつつき
スズメ目ムクドリ科の鳥。体長18〜19cm。〔分布〕エリトリア州（エチオピア）から南アフリカ。

赤嘴羽白
あかはしはじろ
カモ目カモ科の鳥。体長53〜57cm。〔分布〕東ヨーロッパ、アジア南・中部。

赤嘴蕃鵑擬
あかはしばんけんもどき
ホトトギス目ホトトギス科の鳥。全長45cm。〔分布〕マレー半島、スマトラ島、ジャワ島、ボルネオ島。

赤鴇擬
あかのがんもどき
ノガンモドキ目ノガンモドキ科の鳥。別名ノガンモドキ、カンムリノガンモドキ。体長70cm。〔分布〕ブラジル中・東部からパラグアイ、アルゼンチン北部。

16 **赤頭啄木鸚哥**
あかがしらけらいんこ
オウム目インコ科の鳥。全長9cm。〔分布〕インドネシア東部・ニューギニア。

赤頭鷓鴣
あかがしらしゃこ
キジ目キジ科の鳥。全長27cm。〔分布〕ボルネオ島北部。

18 **赤額帽子鸚哥**
あかびたいぼうしいんこ
オウム目インコ科の鳥。別名アカビタイボウシ。全長29cm。〔分布〕プエルトリコ。

赤顔走鳩
あかがおはしりばと
ハト目ハト科の鳥。全長22cm。〔分布〕ペルー、ボリビア、チリ北部。

赤顔蕃鵑擬
あかがおばんけんもどき
ホトトギス目ホトトギス科の鳥。全長45〜47cm。〔分布〕スリランカ。

19 **赤鶫　あかこっこ**
スズメ目ヒタキ科ツグミ亜科の鳥。全長23cm。〔分布〕日本では伊豆諸島。

部首7画《足部》

〔179〕趾

8 **趾長鶉**
ゆびながうずら
キジ目キジ科の鳥。

部首7画《車部》

〔180〕車

9 **車冠鸚鵡**
くるまさかおうむ
オウム目オウム科の鳥。別名クルマサカインコ。全長35cm。〔分布〕オーストラリア。

〔181〕軍

19 **軍鶏　しゃも**
キジ目キジ科の鳥。〔分布〕タイ。日本では関東地方、東北地方、高知県。
大軍鶏　おおしゃも
小軍鶏　こしゃも

部首7画《辵部》

〔182〕連

11 **連雀　れんじゃく**
スズメ目レンジャク科レンジャク属の鳥の総称。広義には、スズメ目レンジャク科に含まれる鳥の総称。〔季語〕秋。
黄連雀　きれんじゃく
背黒連雀擬　せぐろれんじゃくもどき
灰色連雀擬　はいいろれんじゃくもどき
姫連雀　ひめれんじゃく
緋連雀　ひれんじゃく
耳黒連雀擬　みみぐろれんじゃくもどき
連雀野路子　れんじゃくのじこ
連雀鳩　れんじゃくばと
ハト目ハト科の鳥。別名オカメバト。全長30～36cm。
連雀擬　れんじゃくもどき

〔183〕道

7 **道走　みちばしり**
ホトトギス目ホトトギス科の鳥。ミチバシリ亜科に属する鳥の総称。
大道走　おおみちばしり

部首7画《邑部》

〔184〕郭

4 **郭公　かっこう**
カッコウ目カッコウ科の鳥。体長33cm。〔分布〕ヨーロッパ、アジア（南限はネパール、中国、日本）で繁殖、冬はアフリカで越冬。日本では九州以北の夏鳥。〔季語〕夏。
烏秋郭公　おうちゅうかっこう
大鬼郭公　おおおにかっこう
大嘴郭公　おおはしかっこう
鬼郭公　おにかっこう
冠郭公　かんむりかっこう
冠地郭公　かんむりじかっこう
雉郭公　きじかっこう
黄嘴郭公　きばしかっこう
黒郭公　くろかっこう
黒帽子郭公　くろぼうしかっこう
背黒郭公　せぐろかっこう
嘴黒郭公　はしぐろかっこう
嘴長姫郭公　はしながひめかっこう
嘴太郭公　はしぶとかっこう
姫郭公　ひめかっこう
青銅緑郭公　ぶろんずみどりかっこう
斑冠郭公　まだらかんむりかっこう
緑郭公　みどりかっこう
耳黒郭公　みみぐろかっこう
雪帽子郭公　ゆきぼうしかっこう
横縞照郭公　よこじまてりかっこう

郭公　ほととぎす
ホトトギス目ホトトギス科の鳥。全長28cm。〔分布〕ヒマラヤからウスリー、マレー半島、ボルネオ島、大スンダ列島、マダガスカル島で繁殖。日本では九州以北の夏鳥。〔季語〕夏。

部首7画《里部》

〔185〕野

12 **野雁　のがん**
ツル目ノガン科の鳥。体長75～

105cm。〔分布〕モロッコ、イベリア半島、ヨーロッパ北・中部の一部、トルコ、旧ソ連南部の一部。〔季語〕秋。

野雁擬　のがんもどき
姫野雁　ひめのがん

13 野路子　のじこ

スズメ目ホオジロ科の鳥。全長14cm。〔分布〕本州中部で繁殖、中国東部、台湾、フィリピン北部で越冬。〔季語〕夏。

五色野路子　ごしきのじこ
縞野路子　しまのじこ
瑠璃野路子　るりのじこ
蓮雀野路子　れんじゃくのじこ

15 野蕃鴨　のばりけん

カモ目カモ科の鳥。体長66〜84cm。〔分布〕中央、南アメリカ。

18 野鵐　のじこ

スズメ目ホオジロ科の鳥。全長14cm。〔分布〕本州中部で繁殖、中国東部、台湾、フィリピン北部で越冬。〔季語〕夏。

野鵟　のすり

タカ目タカ科の鳥。体長51〜57cm。〔分布〕ヨーロッパからアジア一帯、ベーリング海。日本では北海道から四国。〔季語〕冬。

19 野鶏　やけい

キジ目キジ科の鳥。ヤケイ属に含まれる鳥の総称。

青襟野鶏　あおえりやけい
赤色野鶏　せきしょくやけい
灰色野鶏　はいいろやけい

部首8画《金部》

〔186〕金

6 金糸雀　かなりあ

スズメ目アトリ科の鳥。体長12.5cm。〔分布〕アゾレス諸島、マデイラ諸島、カナリア諸島。

巻毛金糸雀　まきげかなりあ

7 金花　きびたき

スズメ目ヒタキ科ヒタキ亜科の鳥。全長13.5cm。〔分布〕サハリン、日本、中国河北省。日本では全国の広葉樹林、混交林に渡来する夏鳥。〔季語〕夏。

13 金腹　きんぱら

スズメ目カエデチョウ科の鳥。

青嘴金腹　あおはしきんぱら
栗腹黒金腹　くりはらくろきんぱら
腰黒金腹　こしぐろきんぱら
腰白金腹　こしじろきんぱら
縞金腹　しまきんぱら
種割金腹　たねわりきんぱら
羽衣金腹　はごろもきんぱら
虫喰金腹　むしくいきんぱら

〔187〕釣

11 釣巣雀　つりすがら

スズメ目ツリスガラ科の鳥。体長11cm。〔分布〕ヨーロッパ南部および東部、シベリア西部、小アジア、中央アジアからインド北西部、中国北部および朝鮮。

〔188〕錦

7 **錦花鳥　きんかちょう**
スズメ目カエデチョウ科の鳥。体長10cm。〔分布〕オーストラリア、小スンダ列島。
大錦花鳥　おおきんかちょう

10 **錦華鳥　きんかちょう**
スズメ目カエデチョウ科の鳥。体長10cm。〔分布〕オーストラリア、小スンダ列島。

〔189〕錐

15 **錐嘴　きりはし**
キツツキ目キリハシ科の鳥。キリハシ科に属する鳥の総称。全長13〜31cm。〔分布〕メキシコからブラジル南部まで。
錐嘴蜜吸　きりはしみつすい
スズメ目ミツスイ科の鳥。全長12〜15cm。

〔190〕鎌

15 **鎌嘴　かまはし**
ブッポウソウ目カマハシ科の鳥。カマハシ属に含まれる鳥の総称。全長23〜46cm。〔分布〕サハラ砂漠以南のアフリカ。
鱗鎌嘴竈鳥　うろこかまはしかまどどり
スズメ目カマドドリ科の鳥。体長25cm。
鎌嘴太蘭鳥　かまはしたいらんちょう
スズメ目タイランチョウ科の鳥。全長10cm。
縞鎌嘴竈鳥　しまかまはしかまどどり
スズメ目カマドドリ科の鳥。全長20cm。

部首8画《長部》

〔191〕長

4 **長元坊　ちょうげんぼう**
タカ目ハヤブサ科の鳥。体長31〜35cm。〔分布〕ヨーロッパのほぼ全域、アフリカ、アジアで繁殖。北方および東方のものは、それぞれイギリスからアフリカ南部に、インド北部からスリランカに渡って越冬。〔季語〕冬。
赤足長元坊　あかあしちょうげんぼう
小長元坊　こちょうげんぼう
姫長元坊　ひめちょうげんぼう

部首8画《門部》

〔192〕閑

5 **閑古鳥　かっこう**
カッコウ目カッコウ科の鳥。体長33cm。〔分布〕ヨーロッパ、アジア（南限はネパール、中国、日本）で繁殖、冬はアフリカで越冬。日本では九州以北の夏鳥。〔季語〕夏。

部首8画《阜部》

〔193〕阿

[4]**阿比　あび**

アビ目アビ科の鳥。体長53〜69cm。〔分布〕北極圏南部から温帯にかけて。日本では北海道から九州。

嘴黒阿比　はしぐろあび

嘴白阿比　はしじろあび

[7]**阿呆鳥　あほうどり**

ミズナギドリ目アホウドリ科の鳥。全長84〜94cm。〔分布〕北太平洋に生息し、繁殖地は伊豆諸島の鳥島と尖閣諸島。絶滅危惧種,特別天然記念物。

黒足阿呆鳥　くろあしあほうどり

小阿呆鳥　こあほうどり

[8]**阿房鳥　あほうどり**

ミズナギドリ目アホウドリ科の鳥。全長84〜94cm。

黒脚阿房鳥　くろあしあほうどり

小阿房鳥　こあほうどり

[11]**阿亀鸚哥**
おかめいんこ

インコ目インコ科の鳥。体長32cm。〔分布〕オーストラリアの奥地一帯。

〔194〕隙

[15]**隙嘴鸛　すきばしこう**

コウノトリ目コウノトリ科の鳥。全長81cm。〔分布〕インド、スリランカ、ビルマ、インドシナ。

部首8画《隹部》

〔195〕雀

[7]**雀花鳥　からはなどり**

スズメ目ハナドリ科の鳥。別名パプアハナドリ。全長13cm。〔分布〕ニューギニア。

[21]**雀鷂　つみ**

ワシタカ目ワシタカ科の鳥。全長オス27cm, メス30cm。〔分布〕アジア東部。日本では全国。〔季語〕秋。

[24]**雀鷹　つみ**

ワシタカ目ワシタカ科の鳥。全長オス27cm, メス30cm。〔分布〕アジア東部。日本では全国。〔季語〕秋。

〔196〕雁

雁　がん, かり

ガンカモ目ガンカモ科の鳥。ガンカモ科のガン類の総称。別名カリ。〔分布〕日本では宮城県。〔季語〕秋。

蒼雁　あおがん

顔白雁　かおじろがん

鵲雁　かささぎがん

黒雁　こくがん
酒面雁　さかつらがん
四十雀雁　しじゅうからがん
爪羽雁　つめばがん
野雁　のがん
ツル目ノガン科の鳥。体長75～105cm。〔季語〕秋。
野雁擬　のがんもどき
ツル目ノガンモドキ科の鳥。体長70cm。
灰色雁　はいいろがん
白雁　はくがん
姫野雁　ひめのがん
ツル目ノガン科の鳥。体長40～45cm。
真雁　まがん
帝雁　みかどがん
蠟嘴雁　ろうばしがん

8 **雁金　かりがね**
ガンカモ目ガンカモ科の鳥。全長53～66cm。〔分布〕ユーラシア極北部。〔季語〕秋。

部首8画《雨部》

〔197〕雨

16 **雨燕　あまつばめ**
アマツバメ目アマツバメ科の鳥。別名カマツバメ。全長20cm。〔分布〕東南アジア、ニューギニア、オーストラリア。日本では全国各地の夏鳥だが、分布は局地的。〔季語〕夏。
冠雨燕　かんむりあまつばめ
針尾雨燕　はりおあまつばめ
姫雨燕　ひめあまつばめ

〔198〕雪

3 **雪下　せっか**
スズメ目ウグイス科の鳥。体長10cm。

5 **雪加　せっか**
スズメ目ウグイス科の鳥。体長10cm。〔分布〕連続していないが、地中海沿岸地方、フランス西部、サハラ以南のアフリカ、インド、スリランカ、東南アジア、インドネシア、オーストラリア北部。日本では本州以南の低地から山地の草原にすみ、冬はやや南下する。〔季語〕夏。
大雪加　おおせっか
樺太無地雪加　からふとむじせっか
雪加竈鳥　せっかかまどどり
台湾雪加　たいわんせっか
無地雪加　むじせっか

〔199〕雲

11 **雲雀　ひばり**
スズメ目ヒバリ科の鳥。体長18cm。〔分布〕ヨーロッパ、アフリカ最北端、中東、中央アジア北部および東アジア、日本。バンクーバー島（カナダ）、ハワイ、オーストラリア、ニュージーランドにも移入。〔季語〕春。
岩雲雀　いわひばり
〔季語〕夏。
鶉雲雀　うずらひばり
尾白藪雲雀　おじろやぶひばり
冠雲雀　かんむりひばり
小嘴冠雲雀　こばしかんむり

ひばり
小雲雀　こひばり
小雲雀千鳥　こひばりちどり
チドリ目ヒバリチドリ科の鳥。全長17cm。
頭黒雀雲雀　ずぐろすずめひばり
砂雲雀　すなひばり
台湾雲雀　たいわんひばり
茶襟藪雲雀　ちゃえりやぶひばり
偽藪雲雀　にせやぶひばり
嘴長雲雀　はしながひばり
嘴太雲雀　はしぶとひばり
嘴細雲雀　はしぼそひばり
浜雲雀　はまひばり
雲雀竈鳥　ひばりかまどどり
雲雀鷸　ひばりしぎ
チドリ目シギ科の鳥。全長15cm。
雲雀千鳥　ひばりちどり
チドリ目ヒバリチドリ科の鳥。別名タネシギ。全長19～30cm。
紅腹爪長田雲雀　べにばらつめながたひばり
森雲雀　もりひばり
藪雲雀　やぶひばり
山雲雀　やまひばり

〔200〕 霍

4 **霍公鳥　かっこう**

カッコウ目カッコウ科の鳥。体長33cm。〔分布〕ヨーロッパ、アジア（南限はネパール、中国、日本）で繁殖、冬はアフリカで越冬。日本では九州以北の夏鳥。

霍公鳥　ほととぎす

ホトトギス目ホトトギス科の鳥。全長28cm。〔分布〕ヒマラヤからウスリー、マレー半島、ボルネオ島、大スンダ列島、マダガスカル島で繁殖。日本では九州以北の夏鳥。〔季語〕夏。

部首8画《青部》

〔201〕 青

3 **青小鴇**
あおしょうのがん

ツル目ノガン科の鳥。別名アオノガン。全長57cm。〔分布〕南アフリカ。

5 **青目黒蕃鵑擬**
あおめくろばんけんもどき

ホトトギス目ホトトギス科の鳥。〔分布〕南インド、スリランカ。

青目鱗蟻鳥
あおめうろこありどり

スズメ目アリドリ科の鳥。体長19cm。〔分布〕中央、南アメリカのホンジュラスからエクアドルにかけて。

7 **青足深山竹鶏**
あおあしみやまてっけい

キジ目キジ科の鳥。全長30cm。〔分布〕ビルマ、タイ、ラオス、カンボジア、ベトナム。

8 **青東屋鳥**
あおあずまやどり

スズメ目ニワシドリ科の鳥。体長

30cm。〔分布〕オーストラリア東部。

9 **青面鰹鳥**
あおつらかつおどり
カツオドリ目カツオドリ科の鳥。体長76～84cm。〔分布〕全熱帯海域。日本では南西諸島。

青風鳥
あおふうちょう
スズメ目フウチョウ科の鳥。体長30cm。〔分布〕ニューギニアの中央高地東部（標高1300～1800mまで）。

11 **青雀　あおがら**
スズメ目シジュウカラ科の鳥。体長11cm。〔分布〕ヨーロッパ、東はヴォルガ川まで。小アジア、アフリカ北部。

12 **青葉木菟　あおばずく**
フクロウ目フクロウ科の鳥。全長20～29cm。〔分布〕インド、東南アジア、東アジア、旧ソ連。〔季語〕夏。

青葉梟　あおばずく
フクロウ目フクロウ科の鳥。全長20～29cm。〔分布〕インド、東南アジア、東アジア、旧ソ連。〔季語〕夏。

14 **青翡翠**
あおしょうびん
ブッポウソウ目カワセミ科の鳥。全長28cm。〔分布〕中近東から中国南部、フィリピン。

15 **青嘴小中嘴**
あおはしこちゅうはし
キツツキ目キツツキ科の鳥。全長38cm。〔分布〕ホンジュラスからパナマ、コロンビア。

青嘴金腹
あおはしきんぱら
スズメ目カエデチョウ科の鳥。別名グロガオアオハシキンパラ。全長16cm。〔分布〕セネガルからザイール、コンゴ。

青輝鳥　せいきちょう
スズメ目カエデチョウ科の鳥。全長13cm。〔分布〕アフリカ西部からエチオピア、ザンビア。

17 **青橿鳥　あおかけす**
スズメ目カラス科の鳥。体長30cm。〔分布〕カナダ南部からメキシコ湾に至る北アメリカ東部。

18 **青鵐　あおじ**
スズメ目ホオジロ科の鳥。全長15cm。〔分布〕南シベリア、サハリン、中国北東部、朝鮮半島。日本では本州中部以北の高原の明るい林で繁殖し、本州中部以南の平地・低山で越冬。〔季語〕夏。
黄青鵐　きあおじ
島青鵐　しまあおじ

19 **青鶏　たかへ**
ツル目クイナ科の鳥。別名ノトルニス。体長63cm。〔分布〕ニュージーランド。現在は南島南西部のマーチソンおよびケプラー動物区にのみ分布。マン島に移入。絶滅危惧種。

20 **青懸巣　あおかけす**

スズメ目カラス科の鳥。体長30cm。〔分布〕カナダ南部からメキシコ湾に至る北アメリカ東部。

部首9画《面部》

〔202〕面

11 **面梟　めんふくろう**

フクロウ目メンフクロウ科の鳥。広義には、フクロウ目メンフクロウ科に属する鳥の総称。全長23～53cm。〔分布〕極北を除いたヨーロッパ、東南アジア、アフリカ、カナダ国境までの北アメリカ、南アメリカ、オーストラリア。

南仮面梟　みなみめんふくろう

仮面梟　めんふくろう

部首9画《音部》

〔203〕音

8 **音呼　いんこ**

オウム目オウム科の鳥。ホンセイインコ属に含まれる鳥の総称。

部首9画《頁部》

〔204〕頭

10 **頭高　かしらだか**

スズメ目ホオジロ科の鳥。全長15cm。〔分布〕スウェーデンからカムチャツカ半島に至るユーラシア北部。〔季語〕秋。

〔205〕頬

5 **頬白　ほおじろ**

スズメ目ホオジロ科の鳥。広義には、スズメ目ホオジロ科に属する鳥の総称。体長10～20cm。〔分布〕ほとんど全世界に分布するが、東南アジアの東南端とオーストララシアには分布しない（ニュージーランドには移入）。〔季語〕春。

北頬白鴨　きたほおじろがも

カモ目カモ科の鳥。

黄眉頬白　きまゆほおじろ

白髪頬白　しらがほおじろ

白腹頬白　しろはらほおじろ

頭青頬白　ずあおほおじろ

爪長頬白　つめながほおじろ

頬白蟻鵙　ほおじろありもず

頬白鵯　ほおじろひよどり

深山頬白　みやまほおじろ

雪頬白　ゆきほおじろ

8 **頬垂椋鳥　ほおだれむくどり**

スズメ目ホオダレムクドリ科の鳥。

9 **頬紅鳥　ほおこうちょう**

スズメ目カエデチョウ科の鳥。別名ホオアカカエデチョウ。全長9.5cm。

〔206〕頸

15 **頸輪三斑鶉**
くびわみふうずら
ツル目クビワミフウズラ科の鳥。体長15〜17cm。〔分布〕オーストラリア南東の内陸部。絶滅危惧種。

〔207〕顎

5 **顎白水薙鳥**
あごじろみずなぎどり
ミズナギドリ目ミズナギドリ科の鳥。全長55cm。〔分布〕フォークランド諸島。

〔208〕顔

11 **顔黒鳴舎久鶏**
かおぐろなきしゃくけい
キジ目ホウカンチョウ科の鳥。全長56cm。〔分布〕ブラジル南東部・パラグアイ南東部・アルゼンチン北東部。

部首9画《風部》

〔209〕風

11 **風鳥　ふうちょう**
スズメ目フウチョウ科の鳥。フウチョウ科に属する鳥の総称。体長12〜100cm。〔分布〕モルッカ諸島、ニューギニア、オーストラリア。
青風鳥　あおふうちょう
赤飾風鳥　あかかざりふうちょう
大風鳥　おおふうちょう
金蓑風鳥　きんみのふうちょう
小風鳥　こふうちょう
吹流し風鳥　ふきながしふうちょう
紅風鳥　べにふうちょう

部首9画《食部》

〔210〕飾

11 **飾鳥　かざりどり**
スズメ目カザリドリ科の鳥。カザリドリ科に属する鳥の総称。体長9〜45cm。〔分布〕メキシコ、中央・南アメリカの熱帯林から山地の温帯林にいたる各種の森林にすむ。

部首9画《首部》

〔211〕首

15 **首輪三斑鶉**
くびわみふうずら
ツル目クビワミフウズラ科の鳥。体長15〜17cm。〔分布〕オーストラリア南東の内陸部。絶滅危惧種。

首輪告天子
くびわこうてんし
スズメ目ヒバリ科の鳥。全長17cm。〔分布〕小アジア、イラク、アフガニスタン、トルキスタン。

部首10画《鬼部》

〔212〕鬼

4 **鬼木走　おにきばしり**

スズメ目オニキバシリ科の鳥。オニキバシリ科に属する鳥の総称。体長14〜37cm。〔分布〕メキシコ北部から、アルゼンチン中央部。

縞頭鬼木走　しまがしらおにきばしり

部首11画《魚部》

〔213〕魚

8 **魚狗　かわせみ**

ブッポウソウ目カワセミ科の鳥。体長16cm。〔分布〕ヨーロッパ、アフリカ北西部、アジア、インドネシアからソロモン諸島で繁殖。これら分布域の南部で越冬。日本では全国各地の河川、湖沼。〔季語〕夏。

山魚狗　やませみ

24 **魚鷹　みさご**

タカ目タカ科の鳥。体長55〜58cm。〔分布〕繁殖は北アメリカ、ユーラシア（主に渡りをするもの）、アメリカ北東部、オーストラリア。越冬するものや非繁殖期のものはその他の各地に渡る。〔季語〕冬。

〔214〕鯵

8 **鯵刺　あじさし**

チドリ目カモメ科アジサシ亜科の海鳥。広義には、チドリ目カモメ科アジサシ亜科に属する海鳥の総称。全長20〜56cm。〔分布〕世界中。

襟黒鯵刺　えりぐろあじさし
大鯵刺　おおあじさし
鬼鯵刺　おにあじさし
極鯵刺　きょくあじさし
黒鯵刺　くろあじさし
黒鋏鯵刺　くろはさみあじさし
黒腹鯵刺　くろはらあじさし
黒額鯵刺　くろびたいあじさし
小鯵刺　こあじさし
腰白鯵刺　こしじろあじさし
白鯵刺　しろあじさし
背黒鯵刺　せぐろあじさし
南洋眉白鯵刺　なんようまみじろあじさし
灰色鯵刺　はいいろあじさし
鋏鯵刺　はさみあじさし
嘴黒黒腹鯵刺　はしぐろくろはらあじさし
嘴太鯵刺　はしぶとあじさし
羽白黒腹鯵刺　はじろくろはらあじさし
姫鯵刺　ひめあじさし
姫黒鯵刺　ひめくろあじさし
紅鯵刺　べにあじさし
眉白鯵刺　まみじろあじさし

〔215〕鱗

15 鱗蕃鵙擬 うろこばんけんもどき

ホトトギス目ホトトギス科の鳥。全長45cm。〔分布〕フィリピン。

22 鱗鷓鴣 うろこしゃこ

キジ目キジ科の鳥。全長31cm。〔分布〕ナイジェリア南部・カメルーン・ガボン・ザイール・アンゴラ・ウガンダ・タンザニア・マラウィ・ケニア・エチオピア・スーダン南部。

部首11画《鳥部》

〔216〕鳧

鳧 けり

チドリ目チドリ科の鳥。全長35cm。〔分布〕日本、中国北東部・モンゴル。〔季語〕夏。

白黒鳧　しろくろげり

田鳧　たげり

〔季語〕冬。

鶏冠鳧　とさかげり

〔217〕鳰

鳰 かいつぶり

カイツブリ目カイツブリ科の鳥。体長25〜29cm。〔分布〕ユーラシア南部、アフリカ、インドネシア、日本列島。北国で繁殖する種は南に渡って越冬。〔季語〕冬。

赤襟鳰　あかえりかいつぶり

帯嘴鳰　おびはしかいつぶり

冠鳰　かんむりかいつぶり

羽白鳰　はじろかいつぶり

耳鳰　みみかいつぶり

耳白鳰　みみじろかいつぶり

〔218〕鳶

鳶 とび

タカ目タカ科の鳥。別名トンビ。体長55〜60cm。〔分布〕南ヨーロッパ、アフリカ・アジア各地、オーストラリア。〔季語〕冬。

肩黒鳶　かたぐろとび

蝸牛鳶　たにしとび

〔219〕鳳

9 鳳冠鳥 ほうかんちょう

キジ目ホウカンチョウ科の鳥。ホウカンチョウ科に属する鳥の総称。全長52〜96cm。〔分布〕北アメリカの南端部、中央アメリカ、南アメリカ。

青瘤鳳冠鳥　あおこぶほうかんちょう

赤嘴鳳冠鳥　あかはしほうかんちょう

大鳳冠鳥　おおほうかんちょう

兜鳳冠鳥　かぶとほうかんちょう

冠鳳冠鳥　かんむりほうかんちょう

茶腹鳳冠鳥　ちゃばらほうかんちょう

禿顔鳳冠鳥　はげがおほうかんちょう

雌黒鳳冠鳥　めすぐろほうかんちょう

〔220〕鳴

20 鳴鵞　なきあひる

カモ目カモ科の鳥。別名合鴨。〔分布〕日本。

23 鳴鷦鷯　ふえふきみそさざい

スズメ目ミソサザイ科の鳥。体長12cm。〔分布〕ベネズエラ南部、ガイアナ、ブラジル北部。

〔221〕鴇

鴇　とき

コウノトリ目トキ科の鳥。全長76cm。〔分布〕ウスリー地方、中国、朝鮮半島。絶滅危惧種,特別天然記念物。〔季語〕秋。

鴾鴇　とき

鴇　のがん

ツル目ノガン科の鳥。体長75〜105cm。〔分布〕モロッコ、イベリア半島、ヨーロッパ北・中部の一部、トルコ、旧ソ連南部の一部。〔季語〕秋。

青小鴇　あおしょうのがん

赤鴇擬　あかのがんもどき

冠小鴇　かんむりしょうのがん

黒襟小鴇　くろえりしょうのがん

黒腹中鴇　くろはらちゅうのがん

灰色鴇擬　はいいろのがんもどき

姫鴇　ひめのがん

房襟小鴇　ふさえりしょうのがん

〔222〕鳺

鳺　ふくろう

フクロウ目フクロウ科の鳥。全長50cm。〔分布〕ユーラシアの亜寒帯、温帯の高地、サハリン、日本。日本では九州以北に3亜種。〔季語〕冬。

〔223〕鴛

16 鴛鴦　おしどり

ガンカモ目ガンカモ科の鳥。体長47cm。〔分布〕東アジアで繁殖し、中国南部まで南下し越冬。日本では全国。〔季語〕冬。

〔224〕鴫

鴫　しぎ

チドリ目シギ科の鳥。広義には、チドリ目シギ科、およびその近縁の数科に属する鳥の総称。全長13〜66cm。〔分布〕ほとんどの種は北半球で繁殖し、少数がアフリカや南アメリカの熱帯で繁殖する。〔季語〕秋。

青鴫　あおしぎ

大地鴫　おおじしぎ

〔季語〕夏。

地鴫　じしぎ

田鴫　たしぎ

〔225〕鴟

鴟　とび

タカ目タカ科の鳥。別名トンビ。体長55〜60cm。〔分布〕南ヨーロッパ、アフリカ・アジア各地、オーストラリア。〔季語〕冬。

角鴟　みみずく

フクロウ目の鳥。〔季語〕冬。

怪鴟　よたか

ヨタカ目ヨタカ科の鳥。体長19〜29cm。〔季語〕夏。

〔226〕鴞

鴞　ふくろう

フクロウ目フクロウ科の鳥。全長50cm。〔分布〕ユーラシアの亜寒帯、温帯の高地、サハリン、日本。日本では九州以北に3亜種。〔季語〕冬。

〔227〕鴻

鴻　ひしくい

ガンカモ目ガンカモ科の鳥。全長83cm。〔季語〕秋。

〔228〕鵄

鵄　とび

タカ目タカ科の鳥。別名トンビ。体長55〜60cm。〔分布〕南ヨーロッパ、アフリカ・アジア各地、オーストラリア。〔季語〕冬。

〔229〕鴾

鴾　とき

コウノトリ目トキ科の鳥。全長76cm。〔分布〕ウスリー地方、中国、朝鮮半島。絶滅危惧種,特別天然記念物。〔季語〕秋。

鴾鴇　とき

15 鴾鴇　とき

コウノトリ目トキ科トキ亜科の鳥。広義には、コウノトリ目トキ科トキ亜科に属する鳥の総称。全長76cm。〔分布〕北アメリカ南部、南アメリカ、南ヨーロッパ、アジア、アフリカ、オーストラリア。

〔230〕鴲

鴲　しめ

スズメ目アトリ科の鳥。体長18cm。〔分布〕ヨーロッパ、北アフリカ、アジア。日本では北海道、南千島の平地、低山の落葉広葉樹林で繁殖し、全国の平地の明るい林で越冬。〔季語〕秋。

〔231〕鴇

鴇　とき

コウノトリ目トキ科の鳥。全長76cm。〔分布〕ウスリー地方、中国、朝鮮半島。絶滅危惧種,特別天然記念物。〔季語〕秋。

〔232〕鵜

鵜　う

ペリカン目ウ科の鳥。ウ科に属する海鳥の総称。全長45〜101cm。〔分布〕世界中。〔季語〕夏。

南洋蛇鵜　あじあへびう

海鵜　うみう

小羽鵜　こばねう

河鵜　かわう

千島鵜烏　ちしまうがらす

姫鵜　ひめう

蛇鵜　へびう

〔233〕鵝

11 鵝鳥　がちょう

ガンカモ目ガンカモ科の鳥。〔分布〕ドイツ、オランダ。

〔234〕鵞

11 **鵞鳥　がちょう**
ガンカモ目ガンカモ科の鳥。〔分布〕ドイツ、オランダ。
支那鵞鳥　しながちょう

〔235〕鵤

鵤　いかる
スズメ目アトリ科の鳥。体長23cm。〔分布〕シベリア南西部、中国北部、および日本の北部で繁殖し、日本の南部、中国中部で越冬。〔季語〕夏。
鵤千鳥　いかるちどり
チドリ目チドリ科の鳥。全長20cm。〔季語〕冬。
小鵤　こいかる

〔236〕鵐

鵐　しとど
スズメ目ホオジロ科の鳥。ホオジロ属のうちの幾種かに対して古くから一般につけられた地方名であり、日本で普通でみられる種に限られる。〔季語〕秋。

〔237〕鵙

鵙　もず
スズメ目モズ科の鳥。別名モズタカ、タカモンズ、スズメタカ。全長20cm。〔分布〕中国東部、サハリン、日本などで繁殖し、中国南部に渡って越冬。日本では九州以北で繁殖し、暖地に移って越冬。〔季語〕秋。
赤尾大嘴鵙　あかおおおはしもず
赤大嘴鵙　あかおおはしもず
赤鵙　あかもず
薄黒蟻鵙　うすぐろありもず
烏帽子蟻鵙　えぼしありもず
烏帽子眼鏡鵙　えぼしめがねもず
大蟻鵙　おおありもず
大唐鵙　おおからもず
大嘴鵙　おおはしもず
大鵙　おおもず
鬼蟻鵙　おにありもず
尾広蟻鵙　おびろありもず
鉤嘴大嘴鵙　かぎはしおおはしもず
肩白尾長鵙　かたじろおながもず
冠蟻鵙　かんむりありもず
北白頭巾藪鵙　きたしろずきんやぶもず
金冠眼鏡鵙　きんかんめがねもず
黒鳴藪鵙　くろなきやぶもず
黒喉嘴細大嘴鵙　くろのどはしぼそおおはしもず
黒鵙鴉　くろもずがらす
腰白鵙鴉　こしじろもずがらす
小背黒脹藪鵙　こせぐろふくれやぶもず
駒鳥鵙　こまどりもず
小波蟻鵙　さざなみありもず
縞蟻鵙　しまありもず
白黒尾長鵙　しろくろおながもず
白黒鵙　しろくろもず
白喉嘴細大嘴鵙　しろのどはしぼそおおはしもず
真珠蟻鵙　しんじゅありもず
頭赤鵙　ずあかもず

頭黒鵙鴉　ずぐろもずがらす
背赤鵙　せあかもず
背黒大藪鵙　せぐろおおやぶもず
背黒鵙鴉　せぐろもずがらす
背星蟻鵙　せぼしありもず
高砂鵙　たかさごもず
短尾蟻鵙　たんびありもず
児鵙　ちごもず
喉黒鵙鴉　のどぐろもずがらす
喉白灰色鵙　のどじろはいいろもず
灰色蟻鵙擬　はいいろありもずもどき
灰色鵙鴉　はいいろもずがらす
灰顔蟻鵙　はいがおありもず
嘴長大嘴鵙　はしながおおはしもず
姫大鵙　ひめおおもず
姫藪鵙　ひめやぶもず
豚毛鵙　ぶたげもず
紅嘴五十雀鵙　べにばしごじゅうからもず
頬白蟻鵙　ほおじろありもず
緑藪鵙　みどりやぶもず
深山鵙太蘭鳥　みやまもずたいらんちょう
鵙山椒喰　もずさんしょうくい
鵙擬　もずもどき
藪蟻鵙　やぶありもず

〔238〕鵟

鵟　のすり

タカ目タカ科の鳥。体長51〜57cm。〔分布〕ヨーロッパからアジア一帯、ベーリング海。日本では北海道から四国。〔季語〕冬。

大鵟　おおのすり
毛脚鵟　けあしのすり
沢鵟　ちゅうひ
野鵟　のすり
灰色沢鵟　はいいろちゅうひ
斑沢鵟　まだらちゅうひ

〔239〕鵥

鵥　かけす

スズメ目カラス科の鳥。別名カシドリ。体長33cm。〔分布〕西ヨーロッパからアジアを横断して日本および東南アジアまで。日本では屋久島以北の森林に5亜種が分布。〔季語〕秋。

瑠璃鵥　るりかけす

〔240〕鵇

9 鵇冠梟　とさかげり

チドリ目チドリ科の鳥。全長35cm。〔分布〕セネガル・ガボン・中央アフリカ・スーダン南部・コンゴ・アンゴラ・ウガンダ・南アフリカ。

〔241〕鵲

鵲　かささぎ

スズメ目カラス科の鳥。別名カチガラス。体長45cm。〔分布〕西ヨーロッパから日本に至るユーラシア大陸。北アメリカの温帯地域。日本では九州北部。〔季語〕秋。

鵲雁　かささぎがん

カモ目カモ科の鳥。体長75〜85cm。

鵲笛鴉　かささぎふえがらす
短尾碧鵲　たんびへきさん

碧鵲　へきさん

〔242〕鶉

鶉 うずら

キジ目キジ科の鳥。体長18cm。〔分布〕ユーラシア。〔季語〕秋。

足長古林鶉　あしながこりんうずら

鶉秧鶏　うずらくいな
ツル目クイナ科の鳥。体長28cm。

鶉鷸　うずらしぎ
チドリ目シギ科の鳥。全長21cm。

鶉雀　うずらすずめ
スズメ目カエデチョウ科の鳥。全長10cm。

鶉矮鶏　うずらちゃぼ

鶉鳩　うずらばと
ハト目ハト科の鳥。全長28cm。

鶉雲雀　うずらひばり
スズメ目ヒバリ科の鳥。

鱗鶉　うろこうずら

烏帽子鶉　えぼしうずら

冠鶉　かんむりうずら

冠古林鶉　かんむりこりんうずら

首輪鶉　くびわうずら

首輪三斑鶉　くびわみふうずら
ツル目クビワミフウズラ科の鳥。体長15～17cm。

黒額鶉　くろびたいうずら

毛羽鶉　けばねうずら

古林鶉　こりんうずら

白星鶉　しろほしうずら

白斑鶉　しろまだらうずら

白眉尾長鶉　しろまゆおながうずら

頭赤冠鶉　ずあかかんむりうずら

玉斑鶉　たまふうずら

西蔵山鶉　ちべっとやまうずら

茶喉藪鶉　ちゃのどやぶうずら

朝鮮三斑鶉　ちょうせんみふうずら
ツル目ミフウズラ科の鳥。全長14～15cm。

角鶉　つのうずら

沼鶉　ぬまうずら

喉白鶉　のどじろうずら

歯鶉　はうずら

鬚鶉　ひげうずら

姫鶉　ひめうずら

姫鶉鷸　ひめうずらしぎ
チドリ目シギ科の鳥。全長15cm。

姫三斑鶉　ひめみふうずら
ツル目ミフウズラ科の鳥。別名チャムネミフウズラ。体長13～15cm。

斑鶉　まだらうずら

三斑鶉　みふうずら
ツル目ミフウズラ科の鳥。体長11～20cm。

藪鶉　やぶうずら

山鶉　やまうずら

山鶉鳩　やまうずらばと
ハト目ハト科の鳥。体長23cm。

雪山鶉　ゆきやまうずら

趾長鶉　ゆびながうずら

横斑鶉　よこふうずら

〔243〕鵯

鵯 ひよどり

スズメ目ヒヨドリ科の鳥。広義に

は、スズメ目ヒヨドリ科に属する鳥の総称。体長15～27cm。〔分布〕アフリカ、小アジア、中東、インド、アジア南部、極東、ジャワ、ボルネオなど.その他の地域へも移入に成功。〔季語〕秋。

磯鵯　いそひよどり
〔季語〕夏。

尾白鵯　おじろひよどり
鉤嘴鵯　かぎはしひよどり
黄頭鵯　きがしらひよどり
黄縞緑鵯　きじまみどりひよどり
黄喉鵯　きのどひよどり
黄喉虫喰鵯　きのどむしくいひよ
黄眉鵯　きまゆひよどり
黒襟鵯　くろえりひよどり
黒鵯　くろひよどり
腰白磯鵯　こしじろいそひよどり
尻赤鵯　しりあかひよどり
白頭巾鵯　しろずきんひよどり
白腹茶色鵯　しろはらちゃいろひよどり
白星鵯　しろぼしひよどり
頭黒鵯　ずぐろひよどり
楽青鵯　たのしあおひよどり
沼鵯　ぬまひよどり
喉白鵯　のどじろひよどり
灰色鵯　はいいろひよどり
灰頭鵯　はいがしらひよどり
嘴細青鵯　はしぼそあおひよ
鬚鵯　ひげひよどり
姫顎鬚鵯　ひめあごひげひよどり
姫磯鵯　ひめいそひよ
鵯蜜吸　ひよみつすい
頬白鵯　ほおじろひよどり
眉白鵯　まみじろひよどり
深山青鵯　みやまあおひよどり
深山鵯　みやまひよどり
目黒鵯　めぐろひよどり
目白鵯　めじろひよどり

〔244〕鶆

鶆　やまどり
キジ目キジ科の鳥。全長オス125cm, メス55cm。〔分布〕日本では本州から九州。〔季語〕春。

〔245〕鶆

13 鶆鳩　さしば
ワシタカ目ワシタカ科の鳥。全長50cm。〔分布〕日本、ウスリー地方、中国北東部。

〔246〕鶍

鶍　いすか
スズメ目アトリ科の鳥。体長16cm。〔分布〕アラスカからグアテマラに至るアメリカ大陸、ユーラシア大陸、アルジェリア、チュニジア、バレアレス諸島。日本では本州中部、北部で不定期に少数が繁殖するほか、冬鳥として不定期な渡来がある。〔季語〕秋。

〔247〕鶎

鶎　きくいただき
スズメ目ウグイス科の鳥。体長9cm。〔分布〕連続していないが、アゾレス諸島、北西ヨーロッパおよびスカンジナビア半島から東アジアまで。日本では本州中部以北の亜高山帯で繁殖し、冬は低地に下りる。

〔248〕鶇

鶇 つぐみ

スズメ目ヒタキ科ツグミ亜科ツグミ属の鳥。広義には、スズメ目ヒタキ科ツグミ亜科、またツグミ属に属する鳥の総称。体長12.5〜30cm。〔分布〕全世界。〔季語〕秋。

青真似師鶇 あおまねしつぐみ
赤鶇 あかこっこ
歌鶇 うたつぐみ
鱗鶇擬 うろこつぐみもどき
大鱗鶇擬 おおうろこつぐみもどき
顔黒蟻鶇 かおぐろありつぐみ
黒鶇 くろつぐみ
〔季語〕夏。
黒額蟻鶇 くろびたいありつぐみ
駒鶇 こまつぐみ
鶇鳩 さしば
ワシタカ目ワシタカ科の鳥。全長50cm。
茶色鶇擬 ちゃいろつぐみもどき
茶色真似師鶇 ちゃいろまねしつぐみ
鶇舞子鳥 つぐみまいこどり
虎鶇 とらつぐみ
〔季語〕夏。
喉黒鶇 のどぐろつぐみ
野原鶇 のはらつぐみ
八丈鶇 はちじょうつぐみ
真似師鶇 まねしつぐみ
真似鶇 まねしつぐみ
丸嘴鶇擬 まるはしつぐみもどき
三筋蟻鶇 みすじありつぐみ
水辺真似師鶇 みずべまねしつぐみ
胸白鶇擬 むなじろつぐみもどき
宿り木鶇 やどりぎつぐみ
瑠璃鶇 るりつぐみ
脇赤鶇 わきあかつぐみ

13

鶇鳩 さしば

ワシタカ目ワシタカ科の鳥。全長50cm。〔分布〕日本、ウスリー地方、中国北東部。

〔249〕鶚

鶚 みさご

タカ目タカ科の鳥。体長55〜58cm。〔分布〕繁殖は北アメリカ、ユーラシア(主に渡りをするもの)、アメリカ北東部、オーストラリア。越冬するものや非繁殖期のものはその他の各地に渡る。〔季語〕冬。

〔250〕鵞

鵞 あひる

ガンカモ目ガンカモ科の鳥。

支那鵞 しなあひる
鳴鵞 なきあひる

〔251〕鸐

鸐 やまどり

キジ目キジ科の鳥。全長オス125cm, メス55cm。〔分布〕日本では本州から九州。〔季語〕春。

〔252〕鶲

鶲　ひたき

スズメ目ヒタキ科の鳥。ヒタキ亜科に属する鳥の総称。〔季語〕秋。

因幡鶲　いなばひたき
蝦夷鶲　えぞびたき
扇鶲　おうぎひたき
大鶲擬　おおひたきもどき
尾白鶲　おじろびたき
川原鶲　かわらひわ
〔季語〕春。
黄鉢巻鶲擬　きはちまきひたきもどき
黄腹鶲擬　きばらひたきもどき
黄鶲　きびたき
〔季語〕夏。
黒常鶲　くろじょうびたき
黒野鶲　くろのびたき
小鮫鶲　こさめびたき
〔季語〕夏。
紺鶲　こんひたき
砂漠鶲　さばくひたき
鮫鶲　さめびたき
〔季語〕夏。
尉鶲　じょうびたき
白帯大鶲擬　しろおびおおひたきもどき
白鉢巻鶲擬　しろはちまきひたきもどき
白腹大鶲擬　しろはらおおひたきもどき
白額常鶲　しろびたいじょうびたき
砂色鶲太蘭鳥　すないろひたきたいらんちょう
背黒砂漠鶲　せぐろさばくひたき
鳴鶲擬　なきひたきもどき
野鶲　のびたき
〔季語〕夏。
灰喉大鶲擬　はいのどおおひたきもどき
嘴黒鶲　はしぐろひたき
斑鶲　まだらひたき
眉白黄鶲　まみじろきびたき
眉白野鶲　まみじろのびたき
深山鶲　みやまひたき
深山鶲擬　みやまひたきもどき
百舌鶲　もずひたき
山崎鶲　やまざきひたき
瑠璃鶲　るりびたき
〔季語〕夏。

〔253〕鶸

鶸　ひわ

スズメ目アトリ科の鳥。ヒワ亜科に属する鳥の総称。全長11～19cm。〔分布〕南・北アメリカ、ユーラシア、アフリカ（マダガスカルを除く）。〔季語〕秋。

黄金鶸　おうごんひわ
河原鶸　かわらひわ
〔季語〕春。
金襟鶸　きんえりひわ
五色鶸　ごしきひわ
小紅鶸　こべにひわ
鶸金剛鸚哥　ひわこんごういんこ
オウム目インコ科の鳥。
紅鶸　べにひわ
真鶸　まひわ

〔254〕 鶺

16鶺鴒 せきれい
スズメ目セキレイ科セキレイ属、イワミセキレイ属の鳥。広義には、スズメ目セキレイ科に属する鳥の総称。全長12.5～22cm。〔分布〕高緯度地方や一部の大洋島を除く全世界。〔季語〕秋。

岩見鶺鴒　いわみせきれい

黄頭鶺鴒　きがしらせきれい

黄鶺鴒　きせきれい

背黒鶺鴒　せぐろせきれい

爪長鶺鴒　つめながせきれい

白鶺鴒　はくせきれい

羽白白鶺鴒　はじろはくせきれい

〔255〕 鷂

鷂 はいたか
タカ目タカ科の鳥。体長28～38cm。〔分布〕ヨーロッパ、アフリカ北西部からベーリング海、ヒマラヤ。日本では北海道、本州中部以北。〔季語〕冬。

〔256〕 鷓

16鷓鴣 しゃこ
キジ目キジ科シャコ属の鳥。広義には、キジ目キジ科シャコ属に含まれる鳥の総称。〔季語〕秋。

赤足岩鷓鴣　あかあしいわしゃこ

赤頭鷓鴣　あかがしらしゃこ

赤茶鷓鴣　あかちゃしゃこ

赤目鷓鴣鳩　あかめしゃこばと

ハト目ハト科の鳥。全長25cm。

石鷓鴣　いししゃこ

岩鷓鴣　いわしゃこ

鱗鷓鴣　うろこしゃこ

髪長鷓鴣　かみながしゃこ

冠鷓鴣　かんむりしゃこ

熊鷓鴣　くましゃこ

黒足赤喉鷓鴣　くろあしあかのどしゃこ

黒首輪鷓鴣　くろくびわしゃこ

小紋鷓鴣　こもんしゃこ

小波鷓鴣　さざなみしゃこ

縞鷓鴣　しましゃこ

白玉鷓鴣　しろたましゃこ

砂鷓鴣　すなしゃこ

西蔵雉鷓鴣　ちべっときじしゃこ

茶襟鷓鴣　ちゃえりしゃこ

灰羽鷓鴣　はいばねしゃこ

嘴長鷓鴣　はしながしゃこ

姫岩鷓鴣　ひめいわしゃこ

二距鷓鴣　ふたつけづめしゃこ

斑鷓鴣　まだらしゃこ

胸黒鷓鴣　むなぐろしゃこ

森鷓鴣　もりしゃこ

雪鷓鴣　ゆきしゃこ

〔257〕 鷸

鷸 しぎ
チドリ目シギ科の鳥。広義には、チドリ目シギ科およびその近縁の数科に属する鳥の総称。全長13～66cm。〔分布〕ほとんどの種は北半球で繁殖し、少数がアフリカや南アメリカの熱帯で繁殖する。〔季語〕秋。

青脚鷸　あおあししぎ

青鷸　あおしぎ
赤脚鷸　あかあししぎ
赤襟鰭足鷸　あかえりひれあししぎ
赤羽鷸駝鳥　あかばねしぎだちょう
シギダチョウ目シギダチョウ科の鳥。全長40cm。
足長鷸　あしながしぎ
奄美山鷸　あまみやましぎ
磯鷸　いそしぎ
鶉鷸　うずらしぎ
襟巻鷸　えりまきしぎ
大黄足鷸　おおきあししぎ
大地鷸　おおじしぎ
〔季語〕夏。
大反嘴鷸　おおそりはししぎ
大嘴鷸　おおはししぎ
尾黒鷸　おぐろしぎ
尾羽鷸　おばしぎ
樺太青脚鷸　からふとあおあししぎ
黄脚鷸　きあししぎ
京女鷸　きょうじょしぎ
草鷸　くさしぎ
黒京女鷸　くろきょうじょしぎ
小青脚鷸　こあおあししぎ
小姥鷸　こおばしぎ
小黄足鷸　こきあししぎ
小鷸　こしぎ
小杓鷸　こしゃくしぎ
小紋鷸　こもんしぎ
猿浜鷸　さるはましぎ
地鷸　じしぎ
白腹中杓鷸　しろはらちゅうしゃくしぎ
反嘴鷸　そりはししぎ
大杓鷸　だいしゃくしぎ
鷹斑鷸　たかぶしぎ
田鷸　たしぎ
千島鷸　ちしましぎ
中地鷸　ちゅうじしぎ
中杓鷸　ちゅうしゃくしぎ
鶴鷸　つるしぎ
灰色鰭足鷸　はいいろひれあしぎ
浜鷸　はましぎ
針尾鷸　はりおしぎ
針腿中杓鷸　はりももちゅうしゃくしぎ
雲雀鷸　ひばりしぎ
姫鶉鷸　ひめうずらしぎ
姫浜鷸　ひめはましぎ
鰭足鷸　ひれあししぎ
篦鷸　へらしぎ
焙烙鷸　ほうろくしぎ
三趾鷸　みゆびしぎ
山鷸　やましぎ

15 **鷸駝鳥　しぎだちょう**

シギダチョウ目シギダチョウ科の鳥。シギダチョウ科に属する鳥の総称。全長20〜53cm。〔分布〕メキシコ南部から南アメリカ南部。
赤羽鷸駝鳥　あかばねしぎだちょう
大鷸駝鳥　おおしぎだちょう
冠鷸駝鳥　かんむりしぎだちょう
小鷸駝鳥　こしぎだちょう
高根鷸駝鳥　たかねしぎだちょう
茶色鷸駝鳥　ちゃいろしぎだちょう
喉白鷸駝鳥　のどじろしぎだちょう
斑鷸駝鳥　まだらしぎだ

ちょう
豆鷸駝鳥　まめしぎだちょう
三趾鷸駝鳥　みつゆびしぎだちょう

〔258〕鷦

23 鷦鷯　みそさざい

スズメ目ミソサザイ科の鳥。広義には、スズメ目ミソサザイ科に属する鳥の総称。体長8～22cm。〔分布〕北・中央・南アメリカに分布するほか、ミソサザイはユーラシアに産し、北アフリカに進出中。〔季語〕冬。

岩鷦鷯　いわさざい
家鷦鷯　いえみそさざい
大沼鷦鷯　おおぬまみそさざい
尾長鷦鷯　おながみそさざい
栗胸歌鷦鷯　くりむねうたみそさざい
黒星眉鷦鷯　くろぼしまゆみそさざい
小人鷦鷯　こびとみそさざい
鷦鷯竈鳥　さざいかまどどり
仙人掌鷦鷯　さぼてんみそさざい
白腹鷦鷯　しろはらみそさざい
背縞鷦鷯　せじまみそさざい
茶腹眉鷦鷯　ちゃばらまゆみそさざい
鳴鷦鷯　なきみそさざい
喉黒眉鷦鷯　のどぐろまゆみそさざい
灰胸森鷦鷯　はいむねもりみそさざい
嘴長沼鷦鷯　はしながぬまみそさざい
嘴長鷦鷯　はしながみそさざい
姫赤鷦鷯　ひめあかみそさざい
緑岩鷦鷯　みどりいわさざい
無地鷦鷯　むじみそさざい
胸白鷦鷯　むなじろみそさざい
藪鷦鷯　やぶさざい

鷦鷯竈鳥　さざいかまどどり

スズメ目カマドドリ科の鳥。全長13cm。〔分布〕アルゼンチン、ウルグアイ、ブラジル南部。

〔259〕鷭

鷭　ばん

ツル目クイナ科の鳥。体長33cm。〔分布〕南北アメリカ、アフリカ、ヨーロッパ、ジャワ島以北のアジア、西太平洋の島々。日本では全国。〔季語〕夏。

大鷭　おおばん
角大鷭　つのおおばん
鷭秧鶏　ばんくいな
姫鷭　ひめばん
脇白鷭　わきじろばん

〔260〕鷺

鷺　さぎ

コウノトリ目サギ科の鳥。サギ科に属する鳥の総称。

青鷺　あおさぎ
　ペリカン目サギ科の鳥。体長90～98cm。〔季語〕夏。
赤頭鷺　あかがしらさぎ
亜麻鷺　あまさぎ

鳥部（鷹，鷽，鸊，鸐，鸚）

大蒼鷺　おおあおさぎ
鬼青鷺　おにあおさぎ
唐白鷺　からしらさぎ
黒鷺　くろさぎ
黒面篦鷺　くろつらへらさぎ
五位鷺　ごいさぎ
小鷺　こさぎ
三色鷺　さんしょくさぎ
白鷺　しらさぎ
〔季語〕夏。
頭黒蒼鷺　ずぐろあおさぎ
大鷺　だいさぎ
高砂黒鷺　たかさごくろさぎ
中鷺　ちゅうさぎ
朱鷺嘴計里　ときはしげり
チドリ目トキハシゲ科の鳥。体長38〜41cm。
虎斑鷺　とらふさぎ
広嘴鷺　ひろはしさぎ
紅篦鷺　べにへらさぎ
篦鷺　へらさぎ
紫鷺　むらさきさぎ

〔261〕鷹

[12] **鷹斑鷸　たかぶしぎ**

チドリ目シギ科の鳥。全長21cm。〔分布〕ユーラシア大陸北部。

〔262〕鷽

鷽　うそ

スズメ目アトリ科の鳥。別名紅腹灰雀。体長15cm。〔分布〕東ヨーロッパからアジア。日本では本州中部、北部、北海道、南千島の針葉樹林帯で繁殖。〔季語〕春。

〔263〕鸊

[21] **鸊鷉　かいつぶり**

カイツブリ目カイツブリ科の鳥。体長25〜29cm。〔分布〕ユーラシア南部、アフリカ、インドネシア、日本列島。北国で繁殖する種は南に渡って越冬。〔季語〕冬。

赤襟鸊鷉　あかえりかいつぶり
冠鸊鷉　かんむりかいつぶり
羽白鸊鷉　はじろかいつぶり
耳鸊鷉　みみかいつぶり

〔264〕鸐

[13] **鸐雉　やまどり**

キジ目キジ科の鳥。全長オス125cm、メス55cm。〔分布〕日本では本州から九州。〔季語〕春。

腰白鸐雉　こしじろやまどり

〔265〕鸚

[10] **鸚哥　いんこ**

オウム目オウム科の鳥。ホンセイインコ属に含まれる鳥の総称。

青嘴鸚哥　あおはしいんこ
青腹鸚哥　あおはらいんこ
青帽子鸚哥　あおぼうしいんこ
青耳鸚哥　あおみみいんこ
赤顔鸚哥　あかがおいんこ
赤頭啄木鸚哥　あかがしらけらいんこ
赤草鸚哥　あかくさいんこ
赤尻無地鸚哥　あかじりむじいんこ
赤額帽子鸚哥　あかびたいぼ

うしいんこ
秋草鸚哥　あきくさいんこ
曙鸚哥　あけぼのいんこ
荒毛鸚哥　あらげいんこ
無花果鸚哥　いちじくいんこ
色尾鸚哥　いろおいんこ
色混帽子鸚哥　いろまじりぼうしいんこ
岩鸚哥　いわいんこ
団扇鸚哥　うちわいんこ
海老茶鸚哥　えびちゃいんこ
大達磨鸚哥　おおだるまいんこ
大花鸚哥　おおはないんこ
大本青鸚哥　おおほんせいいんこ
阿亀鸚哥　おかめいんこ
翁鸚哥　おきないんこ
尾黒鸚哥　おぐろいんこ
乙女鸚哥　おとめいんこ
尾長達磨鸚哥　おながだるまいんこ
刈萱鸚哥　かるかやいんこ
黄襟黒牡丹鸚哥　きえりくろぼたんいんこ
黄頭青嘴鸚哥　きがしらあおはしいんこ
桔梗鸚哥　ききょういんこ
黄草鸚哥　きくさいんこ
皇后鸚哥　きさきいんこ
雉鸚哥　きじいんこ
黄額帽子鸚哥　きびたいぼうしいんこ
黄帽子鸚哥　きぼうしいんこ
黄帽子緑鸚哥　きぼうしみどりいんこ
黄頬帽子鸚哥　きほおぼうしいんこ
黄耳鸚哥　きみみいんこ
金猩々鸚哥　きんしょうじょういんこ
金頬鸚哥　きんほおいんこ
楔尾姫鸚哥　くさびおひめいんこ
薬玉鸚哥　くすだまいんこ
黒鸚哥　くろいんこ
黒髪鸚哥　くろがみいんこ
黒牡丹鸚哥　くろぼたんいんこ
啄木鳥鸚哥　けらいんこ
濃緑鸚哥　こいみどりいんこ
極楽鸚哥　ごくらくいんこ
九重鸚哥　ここのえいんこ
小桜鸚哥　こざくらいんこ
五色青海鸚哥　ごしきせいがいいんこ
腰白鸚哥　こしじろいんこ
小青鸚哥　こせいいんこ
小青海鸚哥　こせいがいいんこ
古代蒔絵五色鸚哥　こだいまきえごしきいんこ
小花鸚哥　こはないんこ
小帽子鸚哥　こぼうしいんこ
小紫鸚哥　こむらさきいんこ
金剛鸚哥　こんごういんこ
小波鸚哥　さざなみいんこ
笹葉鸚哥　ささはいんこ
褪草鸚哥　さめくさいんこ
麝香鸚哥　じゃこういんこ
猩々鸚哥　しょうじょういんこ
白腹鸚哥　しろはらいんこ
頭黒鸚哥　ずぐろいんこ
頭黒乙女鸚哥　ずぐろおとめいんこ
頭黒五色鸚哥　ずぐろごしきいんこ

頭黒裾草鸚哥　ずぐろさめくさいんこ
墨鸚哥　すみいんこ
菫金剛鸚哥　すみれこんごういんこ
青海鸚哥　せいがいいんこ
青輝鸚哥　せいきいんこ
背黄青鸚哥　せきせいいんこ
袖白鸚哥　そでじろいんこ
達磨鸚哥　だるまいんこ
小波鸚哥　ちゃびたいいんこ
天女鸚哥　てんにょいんこ
七草鸚哥　ななくさいんこ
女王鸚哥　にょおういんこ
鼠頭鸚哥　ねずみがしらいんこ
禿鸚哥　はげいんこ
羽衣鸚哥　はごろもいんこ
嘴太鸚哥　はしぶといんこ
初花鸚哥　はつはないんこ
花笠鸚哥　はながさいんこ
蕃柘榴鸚哥　ばんじろういんこ
緋鸚哥　ひいんこ
緋扇鸚哥　ひおうぎいんこ
翡翠鸚哥　ひすいいんこ
美声鸚哥　びせいいんこ
緋胸桔梗鸚哥　ひむねききょういんこ
姫首輪鸚哥　ひめくびわいんこ
姫梟鸚哥　ひめふくろういんこ
鶸金剛鸚哥　ひわこんごういんこ
葡萄色帽子鸚哥　ぶどういろぼうしいんこ
平和鸚哥　へいわいんこ
紅金剛鸚哥　べにこんごういんこ
帽子鸚哥　ぼうしいんこ
牡丹鸚哥　ぼたんいんこ
本青鸚哥　ほんせいいんこ
蒔絵五色鸚哥　まきえごしきいんこ
三日月鸚哥　みかづきいんこ
帝帽子鸚哥　みかどぼうしいんこ
緑鸚哥　みどりいんこ
緑金剛鸚哥　みどりこんごういんこ
緑頭赤鸚哥　みどりずあかいんこ
深山青嘴鸚哥　みやまあおはしいんこ
深山鸚哥　みやまいんこ
娘鸚哥　むすめいんこ
叢雲鸚哥　むらくもいんこ
面冠鸚哥　めんかぶりいんこ
桃色鸚哥　ももいろいんこ
山娘鸚哥　やまむすめいんこ
四星緑鸚哥　よつぼしみどりいんこ
瑠璃腰鸚哥　るりこしいんこ
瑠璃金剛鸚哥　るりこんごういんこ
瑠璃羽鸚哥　るりはいんこ
若草鸚哥　わかくさいんこ
輪掛本青鸚哥　わかけほんせいいんこ
若菜鸚哥　わかないんこ
綿帽子緑鸚哥　わたぼうしみどりいんこ

18 **鸚鵡　おうむ**

オウム目オウム科の鳥。

赤尾黒鸚鵡　あかおくろおうむ

赤冠鸚鵡　あかさかおうむ
海鸚鵡　うみおうむ
チドリ目ウミスズメ科の鳥。全長23～25cm。
車冠鸚鵡　くるまさかおうむ
大白鸚鵡　たいはくおうむ
梟鸚鵡　ふくろうおうむ
深山鸚鵡　みやまおうむ
椰子鸚鵡　やしおうむ

〔266〕鸛

鸛　こうのとり
コウノトリ目コウノトリ科の鳥。体長100～115cm。〔分布〕ヨーロッパ温帯域および南部、北アフリカ、アジア南・西部。アフリカ、インド、南アジアで越冬。
鞍嘴鸛　くらはしこう
朱嘴鸛　しゅばしこう
隙嘴鸛　すきばしこう
朱鷺鸛　ときこう
鍋鸛　なべこう
禿鸛　はげこう
嘴広鸛　はしびろこう

15 鸛嘴翡翠　こうはししょうびん
ブッポウソウ目カワセミ科の鳥。体長33～36cm。〔分布〕東南アジア、東パキスタン、インド、ネパール、スリランカ。

部首11画《鹿部》

〔267〕鹿

3 鹿子翡翠　やませみ
ブッポウソウ目カワセミ科の鳥。全長38cm。〔分布〕カシミール、アッサム、ビルマ、インドシナ半島、中国南部、朝鮮半島、日本。日本では九州以北の渓流、湖沼。〔季語〕夏。

部首12画《黄部》

〔268〕黄

4 黄毛鷺　あまさぎ
コウノトリ目サギ科の鳥。別名ショウジョウサギ。体長48～53cm。〔分布〕ユーラシア南部、アフリカ、オーストララシア、合衆国南部、南アメリカ北部。日本では本州以南。

8 黄金中嘴　おうごんちゅうはし
キツツキ目オオハシ科の鳥。全長37cm。〔分布〕ブラジル南東部。

黄青鵐　きあおじ
スズメ目ホオジロ科の鳥。体長16cm。〔分布〕ヨーロッパの大部分、アフリカ北西部や中央アジアの一部地域。

12 **黄喉虫喰鵯**
きのどむしくいひよ
スズメ目ヒヨドリ科の鳥。全長14cm。〔分布〕カメルーンからアンゴラ北部・ウガンダ。

黄道眉　ほおじろ
スズメ目ホオジロ科の鳥。全長16.5cm。〔分布〕シベリア南部からアムール川、中国東北地方、朝鮮半島、日本。〔季語〕春。

13 **黄腹雀　きばらがら**
スズメ目シジュウカラ科の鳥。全長10cm。〔分布〕中国南東部。

16 **黄頭鵐**
きがしらしとど
スズメ目ホオジロ科の鳥。全長17cm。〔分布〕アラスカ、カナダ西部。

黄頬冠雀
きほおかんむりがら
スズメ目シジュウカラ科の鳥。全長13cm。〔分布〕ヒマラヤ、インド。

21 **黄鶲　きびたき**
スズメ目ヒタキ科ヒタキ亜科の鳥。全長13.5cm。〔分布〕サハリン、日本、中国河北省。日本では全国の広葉樹林、混交林に渡来する夏鳥。〔季語〕夏。

部首12画《黒部》

〔269〕黒

11 **黒鳥　こくちょう**
カモ目カモ科の鳥。体長115〜140cm。〔分布〕オーストラリア。ニュージーランドに移入。〔季語〕冬。

13 **黒腹中鴇**
くろはらちゅうのがん
ツル目ノガン科の鳥。別名クロハラノガン。全長65cm。〔分布〕セネガルからエチオピア、アンゴラ、ザンビアとアフリカ南東部。

18 **黒襟小鴇**
くろえりしょうのがん
ツル目ノガン科の鳥。別名クロエリノガン。体長53cm。〔分布〕アフリカ南部。

黒鵠　こくちょう
カモ目カモ科の鳥。体長115〜140cm。〔分布〕オーストラリア。ニュージーランドに移入。〔季語〕冬。

黒鵐　くろじ
スズメ目ホオジロ科の鳥。全長17cm。〔分布〕カムチャツカ半島、サハリン、日本。日本では本州中部以北の落葉広葉樹林、亜高山針葉樹林で繁殖するが、局地的.冬は本州以南の低山ですごす。

五十音順索引

（1）本文に収録した鳥名のよみを五十音順に収録し、掲載ページを示した。
（2）掲載ページは、見出し鳥名は太字で、逆引きなど関連語は細字で表示した。

【あ】

【か】

【さ】

【た】

【な】

【は】

【ま】

【や】

【ら】

【わ】

難読誤読 鳥の名前漢字よみかた辞典

2015年8月25日　第1刷発行

発 行 者／大高利夫
編集・発行／日外アソシエーツ株式会社
〒143-8550 東京都大田区大森北 1-23-8 第3下川ビル
電話 (03)3763-5241(代表) FAX(03)3764-0845
URL http://www.nichigai.co.jp/
発 売 元／株式会社紀伊國屋書店
〒163-8636 東京都新宿区新宿 3-17-7
電話 (03)3354-0131(代表)
ホールセール部(営業) 電話 (03)6910-0519

カバー・口絵写真／Shutterstock
電算漢字処理／日外アソシエーツ株式会社
印刷・製本／株式会社平河工業社

《中性紙北越淡クリームラフ書籍使用》

ISBN978-4-8169-2558-0　　*Printed in Japan,2015*